Bolko Geerdes

Mariniseren van motoren
Een gids voor bootliefhebbers en technici

bup

Bolko Geerdes

Mariniseren van motoren
Een gids voor bootliefhebbers en technici

ISBN: 978-3-68904-080-2
Verkrijgbaar als paperback en e-book

Copyright: Bremen University Press
Plaats van publicatie: Bremen
Editie 1, in januari 2024
Versie 1.0
Gedrukt in EU, UK, USA, JP, AUS
bup@bremenuniversitypress.com
www.bremenuniversitypress.com

Bolko Geerdes

Mariniseren van motoren
Een gids voor bootliefhebbers en technici

Inhoud

Het mariniseren van motoren wordt steeds moeilijker. CE-markering, emissievoorschriften, krappe motorcompartimenten - al deze en vele andere factoren verhinderen in toenemende mate het mariniseren, d.w.z. waterdicht maken, van auto- of vrachtwagenmotoren. Dat was anders aan het begin van dit decennium en dit manuscript uit 2003 dateert uit die tijd.

Maar zelfs vandaag de dag zijn er nog steeds mensen geïnteresseerd in dit onderwerp. Eigenaren van oudere stalen schepen bijvoorbeeld, eigenaren van grote waterverplaatsende schepen, waarbij het gewicht van de motoren niet zo belangrijk is, maar de kosten een belangrijke rol spelen.

Het mariniseren van motoren, d.w.z. het aanpassen van conventionele motoren op het land voor gebruik in maritieme omgevingen, biedt vandaag de dag nog steeds verschillende voordelen. Een van de belangrijkste redenen voor marinisering is kostenbesparing. Motoren die oorspronkelijk zijn ontwikkeld voor auto's of industriële toepassingen zijn vaak in grote hoeveelheden en tegen lagere kosten beschikbaar dan motoren die specifiek zijn ontworpen voor marinetoepassingen. Door deze motoren aan te passen aan de omstandigheden op zee, kunnen fabrikanten van boten en schepen de kosten van de motorisering van hun voertuigen verlagen.

Een ander belangrijk aspect is beschikbaarheid en bekendheid. Veel monteurs en technici zijn al bekend met gewone auto- en industriemotoren, wat onderhoud, reparaties en de aanschaf van reserveonderdelen gemakkelijker maakt. Dit is vooral belangrijk in afgelegen gebieden waar gespecialiseerde scheepsmotoren en expertise misschien niet direct beschikbaar zijn.

Bovendien maakt marinisatie het gebruik van bewezen technologieën mogelijk. Veel landmotoren hebben zich al bewezen op het gebied van betrouwbaarheid, prestaties en efficiëntie. Door ze aan te passen voor maritieme toepassingen kunt u profiteren van deze bewezen eigenschappen zonder het risico te lopen een compleet nieuwe en mogelijk onbewezen technologie te gebruiken.

Er is ook enige flexibiliteit op het gebied van vermogen. Landmotoren bieden een breed scala aan vermogensopties die kunnen worden aangepast aan verschillende soorten waterscooters. Van kleine boten tot grotere vaartuigen, de juiste motorgrootte en het juiste vermogen kunnen worden gekozen uit een groot aantal bestaande modellen.

Het is echter belangrijk op te merken dat marinisatie ook uitdagingen met zich meebrengt. Omgevingen op zee zijn vaak veel ruwer dan op het land, met factoren zoals zout water, vochtigheid en variabele temperaturen die allemaal extra eisen stellen aan de motor. Daarom vereist marinisatie zorgvuldige aanpassingen om corrosie te weerstaan, voldoende koeling te bieden en ervoor te zorgen dat de motor betrouwbaar werkt onder de specifieke omstandigheden op zee.

De auteur van dit manuscript uit 2003 is helaas overleden. Hij was technisch medewerker op een scheepswerf in Noord-Duitsland, waar hij verantwoordelijk was voor motoren. Het boek moet niet worden gezien als een precieze handleiding, maar meer als een essay over het onderwerp. Het is op een interessante en soms humoristische manier geschreven en legt veel uit van wat je over het onderwerp moet weten.

Bij het lezen van het hoofdstuk over de toekomst van e-drives in boten - wat toen nog futuristisch was - realiseer je je dat de verder tijdloze tekst hier en daar sterk verouderd is. De voorspelde doorbraak van e-mobiliteit op het water is nog ver weg.

Helaas moesten we afzien van het afdrukken van de foto's van de auteur, die van slechte kwaliteit waren. Hetzelfde geldt voor de lijst van leveranciers, die na ruim 20 jaar op zijn best een antiquarisch karakter had.

Veel leesplezier!

De uitgever

Het mariniseren van motoren voor de behoeften van de pleziervaart is een kwestie die in de praktijk nog steeds erg belangrijk is, ondanks toenemende wettelijke beperkingen.

Dit is deels te wijten aan de toename van de gemotoriseerde pleziervaart als geheel, maar ook aan veranderende eisen. Vroeger vertrouwde iedereen die de wereldzeeën bereisde in een zeilboot met een oude 6 pk Perkins voornamelijk op zijn zeilen. Als de motor het deed, was er niets aan de hand, zo niet, dan redde je je wel. Dat is veranderd.

Veel zeilers zijn om leeftijds- en comfortredenen overgestapt op motorboten en zelfs de steeds duurdere en grotere zeiljachten worden tegenwoordig aangedreven door geavanceerde motoren waarvan de complexiteit niet altijd in verhouding staat tot de speciale omstandigheden op het water.

Daarbij komt de tendens om steeds meer filigraantechnologie te gebruiken, die ook in de autotechniek te zien is. Voor experts is het dan ook geen verrassing dat scheepsmotoren vaak maar een fractie van de levensduur van hun soortgenoten aan land halen. Het zoute water, het ongelijksoortige koelsysteem, de agressieve lucht en de lange winters met veel condensatie laten diepe sporen na, en niet alleen in de cilindervoeringen.

Slecht onderhoud en onwetendheid van sommige technisch ongeschoolde eigenaren doen de rest. Dan komt onvermijdelijk het seizoen waarin de motor 's ochtends moeilijk weer tot leven te wekken is en de uitlaatgassen er niet meer hetzelfde uitzien als vorig jaar. Wat doe je in zo'n situatie?

Nieuwe scheepsmotoren zijn extreem duur. In veel gevallen is het om economische redenen niet de moeite waard om ze te kopen. Als de kosten van het motorsysteem hoger zijn dan de huidige marktwaarde van de boot, is de aanschaf van een nieuwe motor puur een hobby. Doe-het-zelven is dus aan de orde van de dag, en in de taal van sportschippers betekent dat mariniseren.

Maar er zijn ook technische aspecten die in het voordeel van een gemotoriseerde automotor spreken. Automotoren zijn bijvoorbeeld vaak veel geavanceerder dan bootmotoren en lopen stiller en zuiniger. Reserveonderdelen zijn gemakkelijker te krijgen en zijn niet meteen in goud geprijsd, een streven dat steeds weer kan worden waargenomen op het gebied van bootmotoren. Tot slot is een groot toepassingsgebied voor gemariniseerde automotoren te zien in het toenemende aantal zelfgebouwde rompen. Iedereen die zijn eigen boot bouwt, zal niet toegeven aan de uitdaging van het motorsysteem.

Tot slot komt de elektrische motor langzaam maar zeker in het vizier van pleziervaarders, vooral zeilers. Hij is bijzonder geschikt voor het varen met kleinere boten. Elektrische aandrijving wordt ook begunstigd door de steeds strengere milieuwetgeving. Hoewel dit in eerste instantie alleen van invloed is op schippers op binnenwateren, hoef je geen profeet te zijn om te voorspellen dat op een dag in de niet al te verre toekomst het Bodenmeer-rijbewijs, waaraan niet bepaald gemakkelijk te voldoen is, ook een probleem zal worden op de Noord- en Oostzee. De huidige wetgeving voor nationale parken wijst de weg.

Marinisatie is internationaal en wordt bijna overal beoefend, hoewel minder in Duitsland dan in Engeland, het "moederland" van de Europese marinisten. Dit wordt duidelijk als je de lijst met leveranciers aan het einde van dit boek leest: behalve tandwielkasten komt bijna alles wat je nodig hebt voor marinisatie van het eiland. De sprong over het Kanaal kan daarom de moeite waard zijn voor iedereen die geïnteresseerd is, vooral omdat het internet de afstanden heeft verkort en garantieclaims in het verenigde Europa in ieder geval theoretisch overal even uitvoerbaar zijn. Het kan ook de moeite waard zijn om eens te kijken naar Scandinavië en Nederland, waar marinisatie ook een lange traditie heeft .

Dit boek is bedoeld om je te helpen bij het selecteren, diagnosticeren, kopen, mariniseren en installeren van de juiste motor. De eerste vraag is of marinisatie in een specifiek geval de moeite waard is of dat een scheepsmotor vanaf het begin beter is.

Scheepsmotoren

Allereerst een paar woorden over de termen:

Onder een scheepsmotor wordt hier een motor verstaan die door de fabrikant al als bootmotor wordt aangeboden (bijv. Volvo, Volkswagen, Yanmar en vele anderen). Het maakt niet uit dat deze scheepsmotoren meestal zijn gebaseerd op "normale" motoren van een grote serieproducent voor andere doeleinden (bouwmachines, auto's, vrachtwagens, etc.), omdat natuurlijk geen enkele fabrikant van scheepsmotoren het zich kan veroorloven om volledige interne ontwikkelingen van A tot Z uit te voeren gezien de kleine hoeveelheden (BUKH-Diesel uit Denemarken bijvoorbeeld heeft nog steeds de luxe van uitgebreide interne ontwikkelingen). Desondanks wordt van deze scheepsmotoren, die over het algemeen internationaal vanuit één bron door grote leveranciers worden aangeboden, verwacht dat ze perfect zijn aangepast aan de nieuwe bedrijfsomstandigheden. Daarentegen zijn gemariniseerde motoren motoren die oorspronkelijk bedoeld waren voor een ander doel en pas later - min of meer uitgebreid - zijn aangepast aan de boot en zijn omstandigheden. Deze ombouw wordt meestal thuis door booteigenaren uitgevoerd.

De voordelen van scheepsmotoren liggen voor de hand: het zijn nieuwe producten die je koopt met alle onderdelen van één leverancier, waarvan de onderdelen op elkaar passen en waarvoor voldoende accessoires kunnen worden geleverd om ze aan te passen aan de individuele omstandigheden in de boot. Bovendien hebben scheepsmotoren een uitgebreide garantie en is er in elke grote haven getraind personeel dat bekend is met de meest gangbare modellen.

Het is immers gemakkelijk om uit het brede aanbod van fabrikanten een aandrijving te vinden die perfect bij je boot past. Vooral in de vermogensklasse onder 30 kW, die meestal door zeilers wordt bezocht, zijn er nauwelijks basismotoren die je zelf kunt mariniseren; hier ben je bijna altijd aangewezen op kant-en-klare producten.

Zelfs als je in ecologisch kwetsbare wateren vaart en aan strenge grenswaarden moet voldoen, kun je meestal niet om een scheepsmotor met de juiste goedkeuring heen. En: iedereen die een schip met CE-certificering bezit, zou die kwijtraken als hij of zij achteraf een gemariniseerde diesel zou inbouwen.

De CE-richtlijn pleziervaartuigen (Richtlijn 94/25/EG, PB L 164 van 30.06.1994, blz. 15 e.v.) is van kracht sinds 16.07.1998, maar geldt alleen voor nieuwe boten die in serie worden gebouwd door scheepswerven, dus niet voor zelfgebouwde boten (die je zelf minstens 5 jaar moet gebruiken!) en oudere boten. In de praktijk vormt het op dit moment dus geen belemmering voor het in de vaart brengen van zelfgebouwde of oudere boten. Dit zal echter veranderen wanneer boten die na juli 1998 op de markt zijn gebracht de leeftijd bereiken waarop een vervangende motor nodig is. Aan de andere kant heeft het verlies van de CE-certificering momenteel geen gevolgen voor de exploitatie van het vaartuig nadat de garantieperiode is verstreken, zodat het waardeverlies als gevolg van het verlies van de certificering kan worden vergeleken met de extra kosten van een CE-conforme scheepsmotor. Het is echter essentieel om het verlies van CE-certificering met de bootverzekeraar te bespreken.

Het grootste nadeel van de afgewerkte scheepsmotor is ongetwijfeld de prijs, die soms de indruk wekt dat de fabrikanten een manier hebben gevonden om schroot in goud te veranderen. En dat brengt ons bij het tweede nadeel: scheepsmotoren hebben over het algemeen een uitgesproken oud-metalen uitstraling. Ze zijn bijna uitsluitend gebaseerd op een motorgeneratie die boven goed en kwaad verheven is, ze zijn volledig verouderd (naar automobielmaatstaven). Dit is niet per se een nadeel, want de vroegere generaties dieselmotoren werden gekenmerkt door eenvoud van ontwerp, robuustheid en een hoog koppel, terwijl tegenwoordig de nadruk meer ligt op prestaties, verbruik en uitlaatgedrag. Toch moet dit worden vermeld, vooral omdat generatiewisselingen van de basismotoren in het verleden een impact hebben op de beschikbaarheid, maar vooral op de prijzen van reserveonderdelen (wat ons terugbrengt bij het onderwerp goud...).

Er zijn natuurlijk uitzonderingen. Volkswagen Marine, bijvoorbeeld, probeert hightech te introduceren in kleinere scheepsmotoren en strengere milieubeschermingsvoorschriften (trefwoord: Bodenmeer-goedkeuring) dwingen ook andere fabrikanten om hun aanbod op zijn minst gedeeltelijk te herzien. Onnodig te zeggen dat dit niet bepaald leidt tot een verlaging van de toch al exorbitante prijzen van scheepsmotoren.

Gemariniseerde motoren

Het grootste voordeel van gemariniseerde motoren is hun prijs. Met een beetje handigheid en twee rechterhanden kun je gemakkelijk de helft van de kosten van een scheepsmotor besparen (natuurlijk alleen als je je eigen arbeidstijd als een huisvrouw berekent). Bovendien kan het budget dan ruimer worden gemotoriseerd, een feit dat een echt verschil kan maken bij semizweefvliegtuigen of zweefvliegtuigen. Tot slot kan een "zelfgebouwde" motor het soms gemakkelijker maken om rekening te houden met speciale ontwerpkenmerken van je boot, zoals zakkoeling of warmwaterverwarming, enz.

En niet te vergeten: Iedereen die zelf een motor heeft gemariniseerd en in zijn schip heeft ingebouwd, kent zijn
motor beter dan bijna iedereen. Ze kunnen zichzelf veel
sneller helpen in geval van een probleem. Dit is een cruciale bijdrage aan de veiligheid op zee.

De elektrische aandrijving neemt hier ook een bijzondere positie in. De componenten die tegenwoordig worden aangeboden vervagen de grens tussen zelfbouw en
eindproduct, vooral omdat de kosten om de elektrische
aandrijving aan de boot aan te passen door het ontwerp
aanzienlijk lager zijn dan bij een verbrandingsmotor. Bij
elektrische aandrijving ligt de nadruk daarom momenteel niet zozeer op de vraag of je zelf gaat varen, maar of
dit type aandrijving überhaupt geschikt is voor je eigen
boot en vaargebied. Het is echter aannemelijk dat de e-
drive in de toekomst ook voor watersporters een steeds
belangrijkere rol gaat spelen. Dit heeft te maken met de
lage prijs, relatief eenvoudige installatie, hoge bedrijfs-
zekerheid en natuurlijk de steeds strengere milieuvoorschriften .

De beslissing welke motor te gebruiken en waar hangt af van het type boot, de grootte en het regelmatige gebruiksgebied, naast de aanschafkosten en je eigen manuele vaardigheden.

Motorboten

Laten we beginnen met motorboten. Deze hebben natuurlijk strengere aandrijvingseisen dan pure zeilboten. In dit boek worden grote, zware gemotoriseerde zeilboten van traditioneel ontwerp en door zeilen aangedreven kotters of soortgelijke vaartuigen ingedeeld onder motorboten, omdat bijna altijd de zeilen en niet de motor een hulpkarakter hebben.

Verplaatser tot 4 naar.

Twintig jaar geleden kon je op de scheepswerven nog leren dat 2 pk per ton waterverplaatsing volstrekt voldoende was voor pleziervaartuigen. De commerciële scheepvaart kon (en kan) immers volstaan met 1 pk per ton. Voor een jacht van 10 ton zou dat slechts 20 pk zijn! Maar de tijden zijn veranderd, zowel voor schepen als voor auto's. Tegenwoordig is 7 kW per ton eerder regel dan uitzondering, zodat zelfs voor een gewicht van 4 ton vaak 30 of meer kW wordt geïnstalleerd. Voor mensen die vaak stroomopwaarts varen op de Rijn of tegen de stroom ingaan in getijdenwateren is dit misschien logisch, maar niet voor anderen. Maar wat kun je doen tegen de tijdgeest?

Alleen onder een waterverplaatsing van 4 ton zul je motoren zoeken met een vermogen van minder dan 30 kW, en deze motorgrootte is niet geschikt voor marinisatie. Aan de ene kant zijn er maar een paar geschikte basismotoren, eigenlijk zou hier alleen de zware "Methusalem" Mercedes OM 636 in aanmerking komen, die steeds moeilijker te vinden is, en aan de andere kant is marinisatie in deze vermogensklasse nauwelijks de moeite waard.

E-motoren zijn geen verstandig alternatief voor gebruik in motorboten vanwege hun ontoereikende actieradius, behalve in speciale gevallen (kleinere binnenwateren, plaatselijke milieubeschermingsvoorschriften, beperkt vaargebied).

Voor kleine cilinderinhoud is het daarom het beste om regelmatig een geschikte kleine scheepsdiesel aan te schaffen.

Verplaatser van 4 - 10 ton.

Een klasse hoger is het een heel ander verhaal. Hier zitten we in de "hoofdklasse" van de zeilers. De meeste basismotoren hebben een vermogen tussen 30 kW en 100 kW en voldoen dus precies aan het eisenprofiel van boten van deze grootte. In principe is er geen reden om het niet zelf te doen, zolang je geen problemen krijgt met de CE-markering, die ook de motorisering omvat.

E-motoren zijn ook alleen een optie in speciale gevallen vanwege hun ontoereikende actieradius, dus de keuze is duidelijk: In deze klasse spreekt alles in het voordeel van de gemariniseerde dieselmotor.

Displacer van meer dan 10 ton.

Tegenwoordig worden verdringers van meer dan 10 ton regelmatig gemariniseerd met 100 kW en meer (de mogelijkheid van dubbele motorisering bestaat natuurlijk ook). Voor machines met meer dan 100 kW zijn onderdelen voor marinisatie echter alleen in uitzonderlijke gevallen beschikbaar. Hier moet je het materiaal vaak zelf vinden en aanpassen, in het ergste geval moet je het zelfs zelf maken, wat ver buiten de mogelijkheden van de gemiddelde marinier ligt. Het aanbod is fragmentarisch en beperkt zich in Europa tot een paar grote Mercedes dieselvrachtwagens, die van Ford of Ford New Holland en GM.

Elektrische aandrijving is natuurlijk ongeschikt voor gemotoriseerde schepen van deze grootte. Recente experimenten met dieselelektrische aandrijving, bijvoorbeeld door het bedrijf Icemaster, zijn niet voor de doe-het-zelver; ze kosten aanzienlijk meer dan scheepsmotoren van dezelfde vermogensklasse.

Zweefvliegtuig

De situatie is niet veel anders voor zweefvliegtuigen en semi-zweefvliegtuigen, behalve dat de motorisering natuurlijk veel royaler is in termen van gewicht. Binnen de bovengenoemde vermogensgrenzen van 30-100 kW is marinisatie van motoren zonder problemen mogelijk. Wie echter een Z-aandrijving gebruikt, moet ervoor zorgen dat er een geschikte Z-aandrijving of aansluiting is voor zijn favoriete combinatie, wat niet altijd het geval is.

Zweefvliegtuigen, vooral die uit het land van de mogelijkheden, zijn vaak uitgerust met benzinemotoren. Dit zijn meestal scheepsmotoren (vaak van het merk Mercruiser), die op hun beurt rechtstreeks zijn gebaseerd op automotoren van GM, Chrysler en (zeldzamer) Ford, die qua benzineverbruik niet onderdoen voor hun voorvaderen en technisch gezien niet slechts twee, maar drie tot vier generaties achterlopen (wie kent tegenwoordig nog de goede oude Holley carburateurs? Dat klopt, fans van de 1972 Corvette en de huidige booteigenaren).

Maar ook Volvo-Penta deed lange tijd mee aan deze (on)gewoonte. Wie een van deze motoren bezit, heeft een aantal mariniseringsopties in geval van schade, die later worden besproken. Met uitzondering van de verouderde Volvo B20 en B30 series, waarvoor van tijd tot tijd goedkope mariniseringsonderdelen te vinden zijn, en enkele Amerikaanse achtcilindermotoren met een groot volume en enkele oudere Ford, Rover en Jaguar machines, zijn er echter geen redelijk mariniseerbare benzinemotoren, en dat is niet omdat er niet genoeg basismotoren beschikbaar zijn.

Benzinemotoren zijn over het algemeen ongeschikt voor boten om redenen van operationele veiligheid (brand, vochtgevoeligheid van de complexe ontstekingssystemen) en inadequate zuinigheid en zijn, met uitzondering van speedboten, technisch altijd tweede keus. Als je niet met motorboten racet, is een diesel altijd en overal een veel betere keuze. En misschien gaat een benzinerijder wel een diesel mariniseren om in de toekomst goedkoper en vooral veiliger de zeeën te kunnen bevaren. Hij zou er goed aan doen.

Zeilboten

Het antwoord op de vraag welk aandrijfsysteem zinvol is en of je "het zelf kunt doen" is fundamenteel anders voor zeilboten. Zeilboten zijn in verhouding tot hun gewicht minder gemotoriseerd dan motorboten en de motoren hoeven meestal minder lang te draaien. Ondanks de toenemende mechanisatie hebben ze nog steeds het karakter van hulpmachines, wat aantrekkelijke mogelijkheden biedt voor de zeiler.

Tot 7 ton.

De meeste zeilboten tot ongeveer 11 meter lengte en 7 tot. waterverplaatsing hebben een motorvermogen van minder dan 30 kW nodig, waarvoor er nauwelijks redelijk mariniseerbare dieselmotoren zijn. Er is meestal niet genoeg ruimte om grotere motoren te installeren dan om wiskundige redenen nodig is (wat sowieso onzin zou zijn). Iedereen die zeilt wil snel vooruit komen, dus het gewicht van een te grote gemariniseerde diesel is sowieso alleen maar een belemmering. Tot slot wordt de saildrive veel gebruikt in deze klasse, maar hij is moeilijk te combineren met zelfs gemariniseerde motoren.

In het beste geval zou je kunnen denken aan het mariniseren van een diesel die te krachtig maar bijzonder licht is. De VW 068 (Golf) zou hier de eerste keuze zijn, omdat deze qua gewicht kan concurreren met veel kleine scheepsdiesels. Maar de beperkte ruimte aan boord laat meestal geen viercilindermotoren toe.

Een andere uitzondering zijn de stalen of aluminium zeilboten die populair zijn op de Noordzee, zoals de Reinkes. Deze schepen hebben alleen al vanwege hun massa grotere motoren nodig dan een gemiddeld zeilschip van dezelfde grootte en zijn ook bij uitstek geschikt voor de installatie van gemariniseerde dieselmotoren van 30-50 kW vanwege de royale beschikbare ruimte. Hetzelfde geldt hier voor verplaatsers van 4-10 ton. ton. Wie echter een typische sportieve kunststof zeilboot tot een lengte van ongeveer 10 meter vaart, zal niet meer dan 10-20 kW nodig hebben en in dit bereik is het niet de moeite waard om een dieselmotor te marineren.

Maar er is voor hem ook een alternatief voor scheepsdiesel, en in veel gevallen een heel goed alternatief: elektrische aandrijving. Het grootste nadeel daarvan, de beperkte actieradius, stoort de zeiler het minst, omdat hij de motor alleen nodig heeft om een windstilte en in de haven te overbruggen. En zelfs als hij de motor voor langere tijd moet gebruiken, bijvoorbeeld op een kanaal, is dit geen onoverkomelijk probleem, want de huidige e-drives kunnen gemakkelijk een afstand van 6-8 uur zelfvoorzienend afleggen als ze goed ontworpen zijn. Bovendien is de e-drive relatief eenvoudig en goedkoop te mariniseren, is hij zeer veilig en milieuvriendelijk en zit hij ook aan de onderkant van de schaal wat betreft bedrijfskosten.

Een voorbeeld kan dit illustreren: Een zeilboot van 9 meter en 4 ton werd vroeger (voldoende) aangedreven door een dieselmotor van 12 kW. Een gelijkwaardige splinternieuwe scheepsdiesel kost (zonder installatie) vanaf ongeveer 6.000 euro, wat als een speciale aanbieding kan worden beschouwd. Als alternatief zou een elektromotor van 8 kW gemakkelijk volstaan vanwege de aanzienlijk betere koppelcurve. Uitgerust met 4 accu's van elk 180 ampère-uur zou de boot ongeveer 8 uur op halve kracht kunnen varen totdat de accu's moeten worden opgeladen. Dat is genoeg voor bijna alle windstiltes die je aan de kust tegenkomt. Daarna zou de boot 5-6 uur aan de stekker moeten liggen, daarom is de e-drive niet geschikt voor de wereldreiziger. De e-drive is ook minder geschikt voor getijdenwateren, waar je mogelijk 6-7 uur op motorkracht moet varen.

Het belangrijkste argument ten gunste van de e-drive is echter de prijs: deze is ongeveer 50% van een scheepsdiesel. Dus: als je van zeilen houdt en het gebied het toelaat, kun je beter een e-aandrijving nemen in plaats van een diesel. Later meer hierover.

Meer dan 7 tot.

In de "zware" klasse van zeilboten geldt het bovenstaande: een diesel kan uitstekend worden gemariniseerd als het vereiste vermogen tussen 30 en 100 kW ligt. Aangezien zeilboten om voor de hand liggende redenen meestal niet zo lichtvoetig worden aangedreven als motorboten, is dit ook voldoende voor zeer zware brokken.

We vatten samen: Booteigenaren die minder dan 30 kW vermogen nodig hebben, kunnen worden uitgesloten als "marinisers" van verbrandingsmotoren; motorbootvaarders en zeilers die dieselmotoren van 30-100 kW nodig hebben, zouden marinisatie moeten overwegen; zeilers die het eerder hebben gered met 10-25 kW motorvermogen, zouden daarentegen moeten overwegen om een e-aandrijving te installeren als hun vaargebied dat toelaat.

Algemene informatie

Laten we beginnen met de dieselaandrijving, het is niet voor niets de klassieker voor marinisatiedoeleinden.

In tegenstelling tot benzine (Otto) motoren comprimeert diesel de ingespoten brandstof zodanig dat deze zichzelf ontsteekt, waardoor vochtgevoelige ontstekingssystemen overbodig worden. Hij heeft ook een hoog koppel en dieselbrandstof is lang niet zo ontvlambaar als benzine, met name vormt hij niet zo gemakkelijk een explosief mengsel van lucht en gas als een benzinemotor. Dit zijn de belangrijkste voordelen van de dieselmotor, die uiteindelijk geen last heeft van het hogere gewicht, de complexere productie, het lagere piekvermogen en de ruwe loop.

Vroeger werden alleen voorkamerinjectiesystemen gebruikt, waarbij het ontvlambare diesel/luchtmengsel niet in de verbrandingskamer werd geproduceerd, maar in een aparte voorkamer. Het voordeel van deze motoren is dat ze soepeler lopen en minder lawaai maken, het nadeel ten opzichte van motoren met directe inspuiting is dat ze meer brandstof verbruiken en dat de cilinderkop intensief moet worden voorverwarmd als hij koud is. De voorkamer-diesel is eigenlijk een noodoplossing omdat de vroegere mechanische injectiepompen de injectietijd en -druk van de motoren met hoge compressie niet nauwkeurig genoeg konden regelen om de brandstof rechtstreeks in de verbrandingskamer te injecteren. Hoewel dit tegenwoordig anders is, zijn veel van de hier gepresenteerde motoren nog steeds voorkamer-diesels.

Het directe injectiesysteem heeft de diesel met voorkamer nu volledig vervangen in de personenautosector en grotendeels ook in de vrachtwagensector. Vandaag de dag maken elektronische injectiesystemen het mogelijk om de druk en injectietijd zo nauwkeurig te regelen, zelfs in kleine diesels met hoge compressie, dat een voorkamer niet langer nodig is. De voordelen van directe injectie liggen voor de hand: de motor loopt zuiniger (tot 10%) en hoeft slechts bij zeer lage temperaturen te worden voorverwarmd. Dit wordt gecompenseerd door een (nog) ruigere motorloop en (meestal) kwetsbaardere elektronica.

De snelle dieselmotor heeft al gezegevierd in auto's, wat een groot voordeel is voor ons bootvluchtelingen, die erom bekend staan dat we een of twee decennia achterlopen op het gebied van technologie. De keuze aan dieselauto's is nog nooit zo groot geweest als nu. Maar pas op: de ontwikkelingen in de personenautosector van de afgelopen jaren gaan tegen ons in. Motoren worden steeds complexer, elektronische injectiesystemen, turbolading, intercooling, uitlaatgasrecirculatiesystemen, roetfilters en katalysatoren kunnen ervoor zorgen dat een motor met goede prestatiegegevens niet meer tegen redelijke technische en financiële kosten kan worden gemariniseerd. Daarom zijn de meeste diesels die geschikt zijn voor marinisatie nog steeds van oudere datum. Onderdelenfabrikanten zijn erg terughoudend om nieuwe types aan te pakken, wat begrijpelijk is gezien de toenemende complexiteit en de kleine hoeveelheden die verkocht kunnen worden.

Bovendien veranderen de tijden ook op het water: Regels voor uitlaatgassen gelden niet alleen op het Bodenmeer en het is slechts een kwestie van tijd voordat er strengere regels (en controles) worden ingevoerd. Wat dit betekent voor de marinisatie is nog onduidelijk. In het ergste geval zal het voor dieselmotoren vrijwel onmogelijk worden als op een gegeven moment voor elke aandrijving in een boot een emissiecertificaat vereist is dat vergelijkbaar is met dat van een auto, wat het individu zich niet kan veroorloven. De financiële draagkracht van sommige leveranciers van marinisatieonderdelen zal hierdoor waarschijnlijk ook worden overspoeld, waardoor de toekomst van marinisatie twijfelachtig wordt. Tot slot gaat dit gepaard met de toenemende verspreiding van boten met CE-markering, die zoals bekend ook de motor omvat en het dus moeilijker maakt om deze aan te passen.

Terug naar het heden en de diesel: deze is in principe goed geschikt voor gebruik op boten en heeft geen echt alternatief binnen de groep verbrandingsmotoren. Welk type basismotor je in individuele gevallen kiest, maakt niet zoveel uit, zolang de prestatiegegevens, het gewicht en de inbouwmaten maar kloppen. Uiteindelijk is de doorslaggevende factor dat je alle benodigde marinisatieonderdelen voor de motor krijgt. Als dit niet het geval is, is de motor niet geschikt voor hobbymatig mariniseren.

Moderne motoren worden steeds kleiner en lichter. Daardoor bereiken ze hun nominaal vermogen bij steeds hogere snelheden. Voor de motor alleen is dit geen probleem; fabrikanten hebben de ontwerpgerelateerde nadelen zoals geluidsontwikkeling, trillingen en levensduur al lang onder controle. In principe is er dus niets op tegen om een kleine, snelle motor te gebruiken, maar bij het kiezen van de versnellingsbak moet je letten op de maximale ingaande snelheid van de versnellingsbak. Dit wordt gemakkelijk overschreden als je oudere scheepskeerkoppelingen combineert met moderne motoren. Bovendien hebben sommige kleine, trillingsintensieve diesels speciale demperplaten met gewichten nodig.

Het koppel en de koppelcurve zijn belangrijker dan het nominale vermogen van de motor in de scheepvaart. Hoe vlakker de koppelkromme, hoe beter, omdat de machine dan over een groot bereik kan worden gebruikt in de economisch gunstigere deellastmodus.

De prestaties van veel moderne dieselmotoren worden verhoogd door turboladers. Dit is een kleine luchtturbine die wordt aangedreven door de uitlaatgasstroom en die extra verse lucht in de verbrandingskamers pompt om de verbranding te verbeteren. De supercharger gaat meestal gepaard met laadluchtkoeling, die de ongewenste opwarming van de samengeperste lucht tegengaat. De hoge toerentallen in de supercharger zelf en de daarmee gepaard gaande thermische problemen betekenen dat de supercharger regelmatig watergekoeld moet worden.

Deze korte beschrijving laat al zien dat het principe van turbolading, dat op zichzelf zo eenvoudig is, een aantal extra componenten met zich meebrengt waarvan het risico op defecten de betrouwbaarheid van onze machine vermindert. Bovendien zijn de lagers van de supercharger, die begrijpelijkerwijs veel te verduren krijgen, opgenomen in het motoroliecircuit. Ze zijn bijzonder gevoelig voor atypische olietemperaturen, zoals die vaak voorkomen op zeilboten wanneer de motor slechts korte tijd draait om de haven uit te komen. In deze gevallen is het beter om een motor zonder turbolading te kiezen.

Zelfs echte scheepsmotoren worden meestal pas vanaf 50 kW uitgerust met superchargers; deze motoren worden echter bijna alleen in motorboten of zware zeilboten ingebouwd, waar het hierboven beschreven probleem van verhoogde slijtage door korte bedrijfstijden minder vaak voorkomt.

Elektronisch motormanagement

Er is al op gewezen dat een van de redenen waarom dieselmotoren zo betrouwbaar zijn, is dat ze geen ontstekingssysteem nodig hebben dat gevoelig is voor storingen. Bobines, verdelers, kabels en bougies zijn vreemd voor dieselmotoren. Als hij eenmaal loopt, loopt hij. De goede oude Perkins uit de introductie liep zelfs helemaal zonder elektriciteit - als de accu weer eens onder water stond, greep je gewoon naar de zwengel en startte je het oude ijzer met de hand.

Zo was het vroeger, maar nu niet meer. Moderne diesels hebben net zoveel elektronica als hun tegenhangers op benzine. Anders zou het niet meer mogelijk zijn om te voldoen aan de uitlaatemissiegrenswaarden in de personenautosector, en de elektronica zorgt ook voor een beter vermogen bij een lager verbruik. Anders zouden complexe processen zoals hogedruk directe inspuiting met inspuitdrukken van meer dan 1.000 bar niet meer nauwkeurig geregeld kunnen worden en zou de goede oude mechanische plunjerpomp van Bosch uit de jaren zestig hopeloos overbelast zijn.

Het werkt allemaal prima in een auto, maar minder op een boot. Nou ja, een Fairline 40 met twee enorme turbodiesels ter grootte van twee hondenkennels (herdershonden!) heeft tegenwoordig meer elektronica aan boord dan menig bureau en werkt nog steeds perfect, maar dat is buiten onze klasse. Iedereen die ooit heeft ervaren hoe vervelend de koperen worm aan boord kan zijn, zal blij zijn met elke vierkante millimeter gevlochten draad die ze niet aan boord hebben.

En inderdaad, zulke machines bestaan nog steeds. Eerst en vooral de BUKH DV 24 en zijn broers. Eigenlijk minder gemaakt voor pleziervaartuigen, maar vooral voor reddingsboten met "SOLAS"-goedkeuring, is dit een moderne motor met directe inspuiting die zonder vermogen loopt en gemakkelijk kan worden gestart. Beter dan dit wordt het niet, maar ook nauwelijks duurder. Dit eersteklas zware metaal heeft zijn prijs. Maar als hij eenmaal loopt, kan alleen een gebrek aan brandstof hem stoppen.

Tegenwoordig hebben zelfs eenvoudige diesels altijd veel elektronica voor de randapparatuur aan boord. Dynamo, startmotor, voorgloeisysteem, accu's (één is niet meer genoeg), motorbewaking, navigatie, verlichting - om maar het hoognodige te noemen, meestal aangevuld met allerlei accessoires zoals verwarming, koelkast en koffiezetapparaat. In dit licht bezien zou je kunnen zeggen: wat maakt een elektronisch injectiesysteem uit?

Maar het gaat niet alleen om comfort, het gaat ook om veiligheid. Iedereen die wel eens een kijkje heeft genomen bij Fairline (en niet alleen de cocktailbar heeft geïnspecteerd) weet hoeveel moeite de fabrikanten van scheepsmotoren doen om de besturingseenheden en de vele andere elektrische en elektronische onderdelen van hun systemen te beschermen tegen opspattend water en binnendringend vocht. De gewone zeiler staat hier voor een onmogelijke taak. Vochtgevoelige componenten geven niet de geest bij 30 graden in de schaduw op de steiger, maar bij windkracht 6 op de buitenste Elbe met het tij en de wind tegen. Dan kun je alleen maar hopen op een goede kettinggeleiding.

De trend naar elektronica zal op de lange termijn waarschijnlijk nog een doodgraver blijken te zijn voor de hobbymatige marinisering van dieselmotoren. Het einde van de mechanische injectiepomp in autodiesel-motoren is in ieder geval in zicht. Deze is echter beter geschikt voor bootgebruik, dus je moet proberen een motor te vinden die ermee is uitgerust.

Nokkenas/kleppentrein

Of de diesel nu een bovenliggende of onderliggende nokkenas heeft, is in principe irrelevant voor gebruik op zee. Hoge toerentallen, die mogelijk zijn met een boven-liggende nokkenas, zijn aan boord niet nodig, wel een hoog koppel, dat beide ontwerpen kunnen leveren.

Een ander aspect is belangrijk: de aandrijving van de nokkenas. Als de nokkenas onderop zit, dus dicht bij de krukas, wordt hij meestal aangedreven door een tand-wiel. Dit ontwerp is onproblematisch en kan de speciale belastingen in bootbedrijf gemakkelijk aan.

Bij een bovenliggende nokkenas is deze geïntegreerd in de cilinderkop en moet deze worden aangedreven door de krukas, die zich ver eronder bevindt. Deze afstand kan niet meer worden bereikt met tandwielen, dus moet er een ketting of aandrijfriem worden gebruikt. Als de nokkenas wordt aangedreven door een distributieketting, is dit het beste compromis voor bootbedrijf. Distributiekettingen zijn duurzaam, slijtagearm en betrouwbaar.

De situatie is anders als de nokkenas wordt aangedreven door een tandriem. Dit moderne ontwerp heeft twee valkuilen bij bootgebruik: ten eerste is de distributieriem onderhevig aan slijtage en moet deze op regelmatige tijdstippen worden vervangen. Deze intervallen moeten strikt worden nageleefd, want een distributieriem kan breken of overslaan. In beide gevallen is het gevolg bijna altijd dat de machine onmiddellijk uitvalt. Zuigers en kleppen vormen een korte maar innige band. Het vervangen van de distributieriem is natuurlijk vakwerk en daarom duur. Bovendien maken de vaak zeer krappe installatieomstandigheden aan boord dit werk zo moeilijk dat het helemaal niet wordt gedaan.

Ten tweede kunnen distributieriemen breken als de machine na stationair draaien plotseling op hoge snelheid wordt gebracht. Dit gebeurt keer op keer, vooral tijdens havenmanoeuvres, en is grotendeels onbekend als een typische belasting in bijvoorbeeld autogebruik. De tandriem wordt echter plotseling blootgesteld aan de hoogst mogelijke belasting. Daarom is het raadzaam om basismotoren te gebruiken waarvan de nokkenassen worden aangedreven door tandwielen of distributiekettingen.

Nu hebben we alles goed afgewogen en besloten dat een zelfvarende dieselmotor de juiste is voor onze boot. Maar welke? Onze kantoorgenoot heeft vorige week zijn Hyundai in de prak gereden, maar de dieselmotor heeft geen schade opgelopen en is goedkoop te krijgen. Wilt u hem hebben?

Beter van niet; niet voor de collega en niet voor de motor. Ten eerste kunnen alleen motoren worden gemariniseerd waarvoor alle benodigde marinisatieonderdelen beschikbaar zijn. Als dat niet het geval is, valt de motor buiten onze overwegingen. Hyundai, bijvoorbeeld, bouwt zeker goede dieselmotoren, maar er is momenteel geen mariniseringskit voor beschikbaar in Europa. Dit betekent dat deze motoren niet gebruikt kunnen worden voor onze doeleinden.

In deze context kan niet sterk genoeg worden gewaarschuwd tegen het blindelings kopen van grote "bootmotoren". Het is een slechte gewoonte geworden om oude, onverkoopbare automotoren te bestempelen als "bootmotoren" - en niet alleen op EBAY en dergelijke - en ze vervolgens te vergulden met schroot. Handen af! Zoals we zullen zien is het al moeilijk genoeg om een standaard diesel te mariniseren, dus het is niet nodig om een exotische molensteen om je nek te hangen.

Voor alle dieselmotoren in de volgende tabel zijn marinisatieonderdelen verkrijgbaar. De motoren die in Duitsland vaker gemariniseerd worden, zijn zwart gemarkeerd. De anderen spelen in de praktijk nauwelijks een rol. Vervolgens bekijken we de "marinisatieklassiekers", onderverdeeld in prestatieklassen.

BMC (GB)

BMC 1.5 & 1.8 L	BMC bestelwagen
BMC 2.2 & 2.5 L	Austin Taxi, Bestelwagen
BMC 3.4 & 3.8 L	BMC Vrachtwagens

ALGEMENE MOTOREN (VS)

Chevrolet V8 6.2 D	Chevrolet Blazer, Oldsmobile enz.

CITROËN (F)

Citroën	zie Peugeot

CUMMINS (VS)

Cummins serie 4	diverse industrieën
Cummins serie 6	diverse industrieën

FORD (D en GB)

Ford 2701	Ford Vracht
Ford 2703	Ford vrachtwagens, land-bouwmachines
Ford 2722	Ford Vracht
Ford 2725	Ford vrachtwagens, land-bouwmachines
Ford FSD 2500	Ford Transit (nieuw)
Ford Nieuw-Holland 444/450	Landbouwmachines
Ford Nieuw-Holland 666/675	Landbouwmachines
Ford Handelaar 4	Ford vrachtwagens, land-bouwmachines
Ford Handelaar 6	Ford vrachtwagens, land-bouwmachines
Ford XLD 1600/1800	Ford Escort, Fiesta, Orion
Ford York	Ford Transit (1e serie)

VAUXHALL/BEDFORD (GB)

GM 220	Bedford vrachtwagen
GM 330	Bedford vrachtwagen
GM 466	Bedford vrachtwagen

| GM 500 | Bedford vrachtwagen |

KUBOTA (J)

| Kubota 1402 | Bouwmachines |
| Kubota 1102 | Bouwmachines |

LAND ROVER (GB)

| Land Rover 21/4 & 21/2 | Land Rover Defender oud |

Mercedes (D)

Mercedes OM 314	508/608 D enz.
Mercedes OM 352	diverse, bijv. 813, 817 oud
Mercedes OM 364/366	div, bijv. 914, 1120, 817 nieuw
Mercedes OM 601, 602	190D, 208D/209 D
Mercedes OM 615, 617, 621	200D - 300D, 190D (W110)
Mercedes OM 636	180D, vorkheftruck enz.

MITSUBISHI (J)

Mitsubishi 4DR	diverse Mitsubishi
Mitsubishi K3	diverse Mitsubishi
Mitsubishi K4	diverse Mitsubishi
Mitsubishi L2	diverse Mitsubishi

Mitsubishi L3	diverse Mitsubishi
Mitsubishi S3	diverse Mitsubishi
Mitsubishi S4	diverse Mitsubishi

PERKINS (GB)

Perkins 3-152	diverse (leveranciers)
Perkins 4-203	diverse (leveranciers)
Perkins 4-236	diverse (leveranciers)
Perkins 6-354	diverse (leveranciers)
Perkins Phaser	diverse (leveranciers)

PEUGEOT (F)

Peugeot XD	Peugeot J7, 505 enz.
Peugeot XPD	Transporteur
Peugeot XUD	Auto's en bestelwagens

VOLKSWAGEN (D)

VW 028	Audi, Passat
VW 068	Golf, Passat
VW 075	LT, Volvo 240/760/940

VM (I)

112, 115	diverse, bijv. Alfa Romeo, Land Rover

Mercedes OM 636

Dit is voornamelijk de aloude Mercedes OM 636 met ongeveer 30-32 kW (afhankelijk van de versie), die terecht in hoog aanzien staat bij zeilers.

Het is een naoorlogs ontwerp dat werd gemaakt in een tijd dat Duitsland nog in puin lag, en het ruikt nog precies hetzelfde als je achter een boot rijdt die is gemotoriseerd met een OM 636. De motor werd oorspronkelijk ontwikkeld voor de Mercedes 170/180 D, maar veroverde vele andere toepassingsgebieden in de industrie en werd tot 1975 in dit land gebouwd, hoewel hij in de jaren 60 al naar de schroothoop was verwezen in de personenautosector. De motor, die zeer geschikt was voor maritiem gebruik, werd altijd gemariniseerd - zelfs tijdens de productie - soms met speciale krukassen voor meer koppel (bijv. Hein diesel), maar dit alles verhult niet dat de laatste nieuwe motor van dit type dertig jaar geleden in Duitsland van de band rolde.

Dertig jaar is een lange tijd, dus je kunt tegenwoordig nauwelijks nog een goede basismotor vinden. Uiterlijk bij de derde zuiger overmaat hebben zelfs de meest kundige reviseurs er genoeg van en zijn de meeste bouwmachines en vorkheftrucks al jaren geleden geplunderd.

Hoewel de motor tot een paar jaar geleden in Spanje en enkele andere exportmarkten zoals India werd gemaakt, hebben slechts een paar van deze motoren hun weg naar

Duitsland gevonden. Hun kwaliteit wordt ook vaak als inferieur gecategoriseerd.

Als je echter een goede basismotor vindt, heb je een machine die soepel en stil loopt, een eenvoudig ontwerp heeft en zeer betrouwbaar is. Ondanks de leeftijd van de motor hoeft de eigenaar van de viercilinder 1,8-liter motor zich geen zorgen te maken over reserveonderdelen; Mercedes-Benz heeft klassieke auto's altijd een warm hart toegedragen en zorgt voor een betrouwbare en snelle levering. Mariniseringskits zijn verkrijgbaar bij diverse leveranciers, net als versnellingsbakadapters. De prijzen voor reserveonderdelen stijgen echter onverbiddelijk, omgekeerd evenredig aan het langzame uitsterven van deze voormalige "massamotor".

De OM 636 is een voorkamerdiesel en wordt voorverwarmd, d.w.z. hij werkt niet zonder elektriciteit en wordt elektromagnetisch uitgeschakeld via een aparte schakelaar of door aan een kabel te trekken. Hij kan achteraf worden uitgerust met een quick-glow systeem. De OM 636 is zwaar, hij weegt ongeveer 195-210 kilo nat (zonder versnellingsbak) afhankelijk van de versie en is daarom minder geschikt voor pure zeilboten.

Andere

De scheepsmotoren in deze prestatieklasse zijn allemaal gebaseerd op aandrijvingen voor bouwmachines. Iedereen die nu op het voor de hand liggende idee komt om de dichtstbijzijnde bouwmarkt binnen te vallen en een betonmixer uit elkaar te halen, wordt aangeraden voorzichtig te zijn. Er zijn praktisch geen marinisatie-onderdelen voor deze minimotoren. Het is waarschijnlijk niet de moeite waard om deze kleine units te ontwikkelen. Het zal echter interessant zijn om te zien of het in de toekomst mogelijk zal zijn om de SMART diesel te mariniseren. Door zijn vermogen-gewichtsverhouding en zeer rustige loop is hij in principe zeer geschikt voor zeilboten. De eerste succesvolle pogingen om hem om te bouwen tot scheepsmotor zijn al gedaan.

Meer dan 35 kW

Mercedes OM 615 - 621

Laten we eerst bij Mercedes blijven: de OM 636 werd aanvankelijk halverwege de jaren 60 in de 190D (W110) vervangen door de OM 621 (4-cilinder, 48-50 pk) en later door de licht gewijzigde OM 615 (4-cilinder) en OM 617 (vijfcilinder) series, die hun hoogtepunt bereikten in de zogenaamde Stroke Eight modellen van 1968 tot 1975, maar gebouwd bleven worden tot het einde van de jaren 1980. Het vermogensbereik van de viercilindermotor liep van 55 tot 72 pk (200 D - 240 D), de vijfcilindermotor aanvankelijk tot 80 pk, latere afgeleiden van deze motor met turbo bereikten zelfs 125 pk. In bedrijfsvoertuigen leverden deze motoren bijna 100 pk zonder turbolader. In tegenstelling tot de OM 636 hadden deze motoren kettingaangedreven bovenliggende nokkenassen en hadden ze aanzienlijk meer toerenbegrenzing (een relatief begrip vanuit het perspectief van vandaag, natuurlijk) met respectievelijk iets minder dan 2.000, 2.200, 2.400 of 3.000 cc.

Alle motoren in deze serie zijn betrouwbaar, eenvoudig van ontwerp en vormen zelfs voor de technische leek geen onoverkomelijke hindernis. Bovendien is bijna elke monteur van landbouwmachines in Duitsland en daarbuiten (nog steeds) vertrouwd met deze "boerendiesels". De levering van reserveonderdelen is voorbeeldig en ten minste de viercilindermodellen zijn overal verkrijgbaar in elke vorm en staat, van gebruikt tot gereviseerd. Mariniseringskits en versnellingsbakadapters zijn in overvloed verkrijgbaar. Dus de ideale machine voor marinisatie?

Dat hangt ervan af. De OM 615/617 is zwaar, heel zwaar zelfs. Hij weegt tussen de 220 en 265 kg nat (zonder versnellingsbak en hulpstukken). Dus als je let op de vermogen-gewichtsverhouding van je boot, kun je problemen krijgen. In verhouding tot hun vermogen zijn deze motoren eigenlijk extreem zwaar - net als de goede oude diesels, die uit massief aluminium werden gesneden en de nimbus van onverwoestbaarheid van de dieselmotor creëerden. Bovendien zijn deze motoren extreem hoog - meet de machinekamer dus goed op voordat je ze koopt!

De motoren moesten worden voorverwarmd en uitgeschakeld met een stophendel op de injectiepomp (althans de vroege modellen, later werd een pneumatisch systeem gebruikt, maar dit was een gebrekkig ontwerp en kon gemakkelijk worden vervangen door een

trekkabel of een magnetische schakelaar van BOSCH).
De zeer late modellen werden uitgeschakeld via het contactslot.

Deze serie werd geïntroduceerd (met de OM 621) in 1965 en geproduceerd in talloze varianten en versies voor alle mogelijke doeleinden tot halverwege de jaren 1980. Het is duidelijk dat de verscheidenheid aan details in meer dan twintig jaar productie onbeheersbaar is. Neem bij twijfel foto's van de specifieke machine mee naar de leverancier van de marinisatie-onderdelen!

Mercedes OM 601, 602

De OM 615/617-types werden in 1983 vervangen door de modernere OM 601- (4-cilinder, 1,9 liter, 72-75 pk) en OM 602- (5-cilinder, 2,5 liter, 90-126 pk) types. Ze zijn afkomstig van de 190D (W 201) en het bestelwagenprogramma van Mercedes en werden in sommige varianten tot 1993 in Duitsland gebouwd. De motoren zijn goed geschikt voor marinisatie, ze zijn ruim 40 kilogram lichter dan de respectieve OM 615/617, ze worden over het algemeen gestart en gestopt met behulp van de contactsleutel, verder geldt hetzelfde als voor de OM 615-serie. Ze zijn goed verkrijgbaar, onderdelen voor marinisatie zijn beschikbaar, hoewel niet zo overvloedig als voor de 615-serie.

Mercedes OM 314

Laten we verder gaan met de vrachtwagenmotoren. Door hun hoge gewicht zijn deze alleen geschikt voor motorboten of zeer zware zeilboten zoals kotters. De OM 314 werd ontworpen in 1965, heeft een cilinderinhoud van 3,78 liter en een vermogen van ongeveer 80 pk (er waren ook versies met 54 en 66 pk voor industriële machines). De viercilinder motor is een diesel met natuurlijke aanzuiging en weegt minstens 315 kg nat.

De direct ingespoten motor werd vooral gebruikt in de 508/608 bestelwagens enz. en wordt beschouwd als onverwoestbaar. Het lage toerental maakt hem ideaal voor gebruik op boten (het hoogste koppel van 230 Nm van de 80 pk versie is al beschikbaar bij 1.600 tpm, het maximale vermogen wordt bereikt bij een gematigde 2.800 tpm).

Mercedes OM 352

De OM 352 is de upgrade van de OM 314 naar een zescilindermotor. Hij heeft een cilinderinhoud van 5,7 liter en leverde 130-170 pk in de wegversie (de laatste met supercharger). De OM 352 weegt bijna 600 kilogram, werd gebouwd tot 1996 en komt verder overeen met de OM 314. Zijn directe voorvader is de voorkamerdiesel OM 321, die vandaag de dag geen rol meer speelt vanwege zijn bijbelse leeftijd.

Mercedes OM 364/366

De OM 364 is een verdere ontwikkeling van de OM 314, heeft 4 cilinders, een cilinderinhoud van net geen 4 liter en 70-90 pk bij 2.800 tpm. Hij heeft een maximumkoppel van 266 Nm bij 1.400 tpm. De OM 366 is de overeenkomstige zescilinderversie met een cilinderinhoud van 5,9 liter en 136-201 pk bij 2.800 (natuurlijke aanzuiging) tot 2.600 (turbo) tpm. Het maximumkoppel is enorm: 420-640 Nm bij 1.400 tpm. Alleen al qua karakter een echte scheepsdiesel!

VW 068

Volkswagen bouwt al lichtgewicht dieselmotoren sinds 1977 en deze zijn nu de voorkeursmotoren voor Duitse (en Scandinavische) zeilers geworden, naast de zojuist genoemde diesels van Mercedes.

Volkswagen heeft onlangs de maritieme markt voor zichzelf ontdekt en probeert deze te veroveren met veel hightech en elektronica. Natuurlijk gebruikt Volkswagen zijn nieuwste producten, d.w.z. de nieuwste generatie diesels en turbodiesels. Het gebruik ervan is verboden voor de hobbyzeiler vanwege de enorme hoeveelheid elektronica die erin is ingebouwd, ook al klinken de prestatiegegevens van de motoren verleidelijk en zijn ze gemakkelijk te verkrijgen van bijvoorbeeld ongevalsvoertuigen. Het is niet voor niets dat Volkswagen Marine ongeveer 15.000 euro vraagt voor de kleinste viercilinder turbodiesel met 74 kW (TDI 100-5) - dit is niet alleen te wijten aan het automatische goldplating-effect en de lage aantallen in de watersport, maar illustreert ook de moeite die het kost om de motor aan te passen.

We moeten het doen met de eerste en tweede "generatie Golf". Deze 4-cilinder VW 068-motoren hebben een cilinderinhoud van iets minder dan 1.500 of 1.600 cc en 50 - 54 pk of, met turbocompressor, 70 pk. Ze werden gebouwd van 1977 tot 1992 voor de Passat, Golf, Transporter en hun afgeleiden, dus ze zijn in grote aantallen beschikbaar. De motoren zijn licht (120-140 kilogram) en lopen soepel. Hun levensduur is niet te vergelijken met die van oudere Mercedes diesels; met name het feit dat de (bovenliggende) nokkenas wordt aangedreven door een tandriem in plaats van een distributieketting leidt af en toe tot voortijdige uitdiensttreding. De turbomotoren zijn ook minder stabiel dan de atmosferische motoren en daarom minder aan te raden. Bij twijfel kun je beter helemaal afblijven van motoren uit bestelwagens; door de extreme onderkracht van zware voertuigen zijn ze vaak al na korte tijd versleten.

Een ander bijzonder kenmerk van deze motor is dat hij onder een hoek van 23 graden in de auto wordt geïnstalleerd. Dit moet ook gebeuren bij het varen, omdat er anders problemen zijn met de ventilatie van de oliepan en de cilinderkop. Aan de andere kant resulteert dit in een lage totale hoogte, wat vooral in zeilboten een voordeel kan zijn. Als de donormotor afkomstig is van een Golf, moet ook worden opgemerkt dat de startmotor niet naast het motorblok maar naast de versnellingsbak is gemonteerd. Dit was anders in de Passat en Transporter (en is veel beter voor marinisatiedoeleinden). De Golf-motor kan echter worden omgebouwd met Passat- en Transporter-onderdelen.

De motor wordt normaal voorverwarmd en uitge-schakeld via het contactslot - dus geen problemen. Ma-rinisatie-onderdelen zijn gemakkelijk verkrijgbaar. Kortom, een goede rit als de basismotor gezond is, wat niet altijd het geval is.

VW 028

De VW 028 (of ADG) is de eerste generatie viercilinder dieselmotor met een cilinderinhoud van 1,9 liter en een vermogen van 39-60 kW, die voornamelijk werd ge-bruikt in Audi- en Passat-modellen en in de latere Trans-porter (T4). Ze komen qua ontwerp overeen met de VW 068 en wegen ongeveer 150-170 kilogram. De motor wordt tegenwoordig veel gebruikt als industriële motor en volgde in sommige opzichten de OM 636 op. Hij deelt de voor- en nadelen van de zeer vergelijkbaar ontwor-pen VW 068, maar wordt over het algemeen als robuu-ster beschouwd - ondanks de distributieriem.

VW 075

Dit is de oude zescilinder lijnmotor met een cilinderin-houd van 2,4 liter uit de VW LT met 75-102 pk. Tegen-woordig vind je de motor vaker in oudere Volvo's dan in VW's (Volvo 240, 760, 940), waar hij met een turbocompressor en intercooler nog 122 pk produceerde. Het is een voorkamerdiesel met voorverwarmingssysteem, die door zijn ontwerp erg lang is, maar ook stil loopt. Hij woog tussen de 220 en 250 kilo en trok gedurende zijn hele leven de aandacht met scheuren in de cilinderkoppen. De basismotor moet daarom zorgvuldig worden gecontroleerd op dit defect voordat hij in de vaart wordt gebracht.

Ford XLD

Ford heeft verschillende motoren die ideaal zijn voor marinisatie. Dit zijn de 1,6 tot 1,8 liter XLD diesels uit de oudere Fiesta en Escort modellen. Dit zijn viercilindermotoren met 60 tot 90 pk, die een eenvoudig ontwerp hebben, rotsvast zijn en daarom ideaal zijn voor marinisatie. Ze wegen tussen 120 en 160 kilogram en worden vaak gebruikt voor industriële doeleinden. Dit klinkt misschien banaal, maar het laat zien dat dit veeleisende en robuuste motoren zijn. Overigens zijn deze motoren duidelijk favoriet bij Engelse zeelieden.

Hun tekortkoming is hun relatief slechte verkrijgbaarheid (tenminste in dit land), maar wie een van deze motoren in goede staat vindt, heeft een goede vangst gedaan. Hier geldt natuurlijk hetzelfde: als je twijfelt, blijf dan weg van turbomotoren.

Er zijn genoeg mariniseringskits verkrijgbaar, er hoeft niets specifieks in acht te worden genomen bij de installatie. Starten en stoppen via het contactslot (injectiepomp van de verdeler), voorgloeien via een apart relais. De motoren lopen wat stroef en mogelijk moet er een extra massaring op de demperplaat worden gemonteerd.

Ford FSD

De Ford FSD is een klasse hoger, met een cilinderinhoud van 2,5 liter en 50-90 kW (de laatste met turbo) van de Ford Transit en is ook ideaal voor marinisatie. In Groot-Brittannië wordt de motor met directe injectie vaak gebruikt als basismotor voor professionele marinisatie (bijv. LEHMANN en SABRE). De viercilinder loopt vrij grof, maar is oerdegelijk en kent geen verborgen valkuilen tijdens het mariniseren. Hetzelfde geldt voor de Ford XLD, hoewel de FSD in Duitsland nog moeilijker verkrijgbaar is.

Peugeot XD/XUD

Sinds het begin van de jaren 1980 biedt Peugeot kleine viercilinder XUD-dieselmotoren met een vermogen van 60 tot 102 pk aan in de 205- tot 306-modellen en in de overeenkomstige Citroën-modellen (Citroën en Peugeot behoren samen tot de PSA-groep) en bestelwagens. De motor is gebaseerd op de XD, die de J7- en 505-modellen aandreef en tegenwoordig nog maar af en toe te vinden is.

Deze eenvoudige en lichte machines (120-198 kilo) werden steeds populairder bij zeilers, vooral in Frankrijk en

Engeland, omdat ze licht en robuust waren en geen bijzondere problemen opleverden tijdens het varen. Het zijn viercilindermotoren met een cilinderinhoud van 1,9 liter. Ze worden professioneel gemariniseerd door bijvoorbeeld het bedrijf TECMOTOR ATLANTIQUE in La Rochelle en vormen ook de basis van sommige scheepsmotoren van VOLVO PENTA. Deze motoren leveren ook geen bijzondere problemen op voor hobbymarinisatie. Ze zijn echter slechts beperkt verkrijgbaar in Duitsland.

Peugeot XPD

De Peugeot XPD is de op één na grootste motor, die naast sommige personenauto's vooral bedoeld was om het bestelwagenprogramma een boost te geven. De cilinderinhoud begint bij 2,1 liter en loopt op tot 2,5 liter, met een vermogen tussen 79 en 122 pk. De viercilinder weegt ongeveer 210 kilogram en kan gemakkelijk worden gemariniseerd. Hetzelfde geldt voor de XUD.

Samenvatting

Als je een kleine, lichtgewicht viercilinder diesel nodig hebt, kies dan voor de Ford XLD, de Peugeot XUD of - met de genoemde beperkingen - de VW 068.

In de hogere prestatieklasse valt er veel te zeggen voor de Mercedes OM 615/617, de Ford FSD en de Peugeot XPD.

Als het om de echt grote machines gaat, kom je nauwelijks verder dan de vrachtwagenmotoren van Mercedes. De even goede basismotoren van Ford en Ford New Holland zijn hier - anders dan in Engeland - niet erg gangbaar en dus moeilijk te vinden.

Leveringsbronnen voor dieselmotoren

We hebben gezien dat de motoren die geschikt zijn voor marinisatie slechts weinig van elkaar verschillen. In principe maakt het nauwelijks uit welke basis je gebruikt. Zelfs gewichten en inbouwmaten verschillen maar weinig (alleen de VW 068, de Ford XLD en de Peugeot XD/XUD springen er hier positief uit). Aan de andere kant zijn niet alle basismotoren op dezelfde manier verkrijgbaar; wie bijvoorbeeld op zoek is naar een professioneel gereviseerde Mercedes OM 615 zal er sneller een vinden, terwijl wie op zoek is naar een goede gebruikte Peugeot XUD geluk of geduld zal moeten hebben. Veel hangt hier af van toeval en daarom moet het merk van de motor geen kwestie van vertrouwen zijn.

En nog belangrijker, wil ik een gereviseerde machine of een gebruikte motor? Dit is natuurlijk in de eerste plaats een kwestie van prijs, maar ook van beschikbaarheid. Vooral Mercedes-dieselmotoren kunnen bijna overal goedkoop worden gereviseerd vanwege de enorme concurrentie in deze sector. Hier een of tweeduizend euro besparen en het risico nemen om een "komkommer" te marineren kan een vergissing blijken te zijn, vooral als je bedenkt dat het marineerwerk omvangrijk is en volledig moet worden herhaald als de basismotor binnen korte tijd opnieuw wordt vervangen. Bovendien is een vervangende motor met garantie ook een waardeverhogend element dat zijn kosten bij verkoop snel terugverdient. En tot slot speelt de gedachte aan veiligheid op zee hier ook een rol.

Gereviseerde vervangingsmotoren zijn nu verkrijgbaar voor bijna elk merk motor, vooral de hier besproken dieselmotoren, en allemaal tegen concurrerende prijzen. Een aantal bedrijven heeft zich gespecialiseerd in het reviseren van motoren van alle typen op grote schaal tegen relatief lage kosten. Het enige probleem is dat, zoals het woord "ruil" impliceert, de aanbieders minstens een ruilmotorblok met cilinderkop terugvragen, anders loopt de prijs van de gereviseerde motor aanzienlijk op. Bovendien zijn de ruilmotoren meestal alleen uitgerust met een waterpomp en oliepomp - andere hulpaggregaten zoals dynamo, starter, injectiepomp of benzinepomp ontbreken bijna altijd. Het kan daarom de moeite waard zijn om voor een paar euro een defecte, maar complete motor van het type dat je zoekt op de schroothoop te halen, de hulpaggregaten te verwijderen en het schroot in ruil daarvoor naar de motorreparateur te sturen.

Maar wat doe je als deze route te duur is? Als je absoluut een goedkope gebruikte motor als basismotor wilt gebruiken? Het gaat het bestek van dit boek te buiten om in detail in te gaan op de mogelijkheden van het aanschaffen en diagnosticeren van gebruikte motoren, maar

het volgende moet gezegd worden: Motoren uit onge-
vallenauto's die nog getest kunnen worden en waarvan
de kilometerstand bekend is, zijn goed. Je kunt er ook
zeker van zijn dat je alle benodigde hulpaggregaten koopt, inclusief de kabelboom. Een kijkje op de pagina's
van het plaatselijke dagblad of de DAZ, waarin veel au-
torecyclingbedrijven adverteren, kan hierbij helpen. Je
kunt dergelijke aanbiedingen ook vinden op MO-
BILE.DE en andere internetmarkten voor auto's.

Je moet met je handen afblijven van motoren die je niet
kunt laten draaien of op een andere manier kunt testen.
Het kopen van een gebruikte motor is in dergelijke gevallen echt geen kwestie van vertrouwen, maar van geluk.

Wie een machine koopt zonder de compressie in koude
en warme toestand te hebben gecontroleerd, zonder de
oliedruk te kennen en zonder de machine gedurende
langere tijd te hebben getest, handelt gevaarlijk.

Inleidende opmerking

Nu hebben we alles goed gedaan en staat onze "lievelingsmotor" in volle glorie in de garage of bootschuur te wachten op marinisatie. Wat gebeurt er nu?

Nog even over de werkomgeving. Deze moet ruim bemeten zijn, zodat de motor (en later de versnellingsbak) comfortabel van alle kanten bewerkt kan worden. Een stevige werkbank is nodig om de motor, die meestal vrij zwaar is, veilig op te stellen. De motor mag niet op de oliepan of op de standaardsteunen staan, omdat die tijdens het mariniseren moeten worden verwijderd. Een beetje fantasie en handigheid zijn hier vereist. De meeste motoren kunnen goed worden neergezet als grote houten strips onder de schroefverbinding van de oliepan op het motorblok worden geplaatst en op de werkbank worden ondersteund.

Iedereen die vaak aan zijn auto of boot werkt, heeft het benodigde gereedschap. Goede steeksleutels in alle maten (eventueel ook de Engelse inch-maten, bijvoorbeeld voor FORD-motoren) zijn nodig, evenals goede schroevendraaiers en TORX- of inbussleutels. Tot slot is een block and tackle ook geen slecht idee, je hebt tenslotte te maken met aanzienlijke gewichten in de laatste fase (met versnellingsbak en hulpaggregaten). De ideale oplossing zou een motortakel zijn zoals die worden gebruikt om automotoren te verwijderen.

Je moet realistisch zijn over je eigen vaardigheden als knutselaar. Iedereen die ooit met succes de cilinderkoppakking van een automotor heeft vervangen, zou geen probleem moeten hebben met het mariniseren van een dieselmotor. Aan de andere kant, als je niet het vertrouwen hebt om de dynamo van je auto te vervangen, kun je beter afzien van het marinisatieproject of de hulp van een expert inroepen.

Ombouwsets

De afzonderlijke onderdelen die nodig zijn voor marinisatie worden hieronder beschreven op basis van de afzonderlijke componenten. Vaak is het echter zinvol om een complete mariniseringsset voor de motor te kopen, die regelmatig goedkoper is dan de som van de afzonderlijke onderdelen. Maar ook hier geldt - zoals zo vaak - dat het venijn in de details zit.

Allereerst moet de mariniseringsset bij de motor passen. Dat klinkt eenvoudig, maar dat is het niet als je bedenkt dat er bijvoorbeeld talloze varianten van de populaire Mercedes OM 615-serie zijn die alleen in kleine maar subtiele details van elkaar verschillen. Dit leidt er al snel toe dat de waterpomp niet op de vacuümaansluiting past of dat de versnellingsbakadapter de cruciale 5 mm te kort is. Bij het kopen van de marinisatie-onderdelen moet je daarom niet alleen het motornummer bij de hand hebben, gedetailleerde foto's van de machine zijn ook uiterst nuttig.

Er zijn talloze leveranciers van marinisatiekits in Duitsland en daarbuiten. Bij het vergelijken van prijzen is het belangrijk om er zeker van te zijn dat de vergeleken kits dezelfde reikwijdte hebben en dat alles wat ontbreekt ergens anders moet worden aangeschaft en duur is. Een ander criterium is de nabijheid van de leverancier - vragen en problemen zullen zich zeker voordoen tijdens het marinisatieproces en je zult hulp en soms goodwill nodig hebben om ze op te lossen.

Er kan een breuk worden gemaakt met de versnellingsbak en de bijbehorende accessoires (verbindingshuis, demperplaat, enz.). Deze onderdelen kunnen net zo gemakkelijk elders worden gekocht en sommige leveranciers van marinisatieonderdelen bieden zelf geen tandwielkastpakketten aan. De distributie van versnellingsbakken is meestal professioneel en uitgebreid georganiseerd door de grote fabrikanten en importeurs, wat niet het geval is voor marinisatieonderdelen (vanwege de hoeveelheid).

Afzonderlijke onderdelen

Motorblok

Voordat met het mariniseren wordt begonnen, moet de motor worden schoongemaakt en moeten de onderdelen die niet nodig zijn worden verwijderd. Het beste is om koud reinigingsmiddel te gebruiken voor het reinigen (neem altijd de milieuvoorschriften in acht!). Het schoonmaken moet zeer zorgvuldig gebeuren, omdat het blok later zeewaterbestendig moet worden geverfd en verf niet bekend staat om de hechting aan olie en vuil.

Daarna worden ze ontmanteld:

- Uitlaatspruitstuk
- Dynamo
- Startmotor
- Grondslagen
- Indien nodig, vacuümpomp en andere voertuigspecifieke onderdelen

Dan is het de juiste tijd voor een paar vuile klusjes zoals het stellen van de kleppen en het spoelen van de koelkanalen met vers water. En: het zal nooit meer zo makkelijk zijn om de cilinderkoppakking te vervangen als nu de motor te zien is.

De contactvlakken van het uitlaatspruitstuk en de tapeinden worden dan afgeplakt, het kleppendeksel en de oliepan moeten ook worden verwijderd en het blok is klaar om geschilderd te worden. Het verwijderen van de oliepan is ook aan te raden voor visuele inspectie: als er metaalsplinters of andere deeltjes in zitten die daar niet thuishoren, geldt de aangepaste Monopoly-regel: ga terug naar de start, geef opnieuw geld uit aan de motor.

Nog even over het verven van de motor: niet iedereen vindt dat nodig en het is waar dat de behoefte aan deze extra corrosiebescherming afhangt van het schip en het gebruiksgebied. Iemand die meestal door zoet water vaart op een zwaar, dicht stalen schip met een afgesloten machinekamer zal het minder nodig hebben dan de eigenaar van een kleinere zeilboot die op de Noordzee vaart. Desondanks zal het lakwerk nooit beschadigen en is de financiële uitgave hiervoor echt heel beperkt. Bovendien is het, zeker met een lichte kleur, die sowieso wordt aanbevolen, heel gemakkelijk om later eventuele lekken of andere schade vast te stellen. Niet voor niets worden alle scheepsmotoren zeewaterbestendig gelakt.

Motorverf is verkrijgbaar bij alle grote fabrikanten en kan het beste worden gekocht waar autolak verkrijgbaar is. Normale autolakken of zelfs verven van bouwmarkten zijn ongeschikt omdat ze niet de speciale olie- en zuurbestendigheid hebben. Als alternatief kun je ook bilgeverf voor stalen schepen uit de scheepszaak gebruiken, maar die glanst niet zo mooi als motorverf.

Breng aan volgens de gebruiksinstructies van de fabrikant, die meestal als volgt zijn: Ontvet de ondergrond grondig (bv. met siliconenverwijderaar), schilder met een compatibele primer en breng dan de toplaag aan. Als je geen spuitpistool hebt, kun je dit alles ook met een roller en kwast doen. De startmotor, dynamo, kleppendeksel en oliepan zijn al verwijderd en kunnen nu op dezelfde manier worden behandeld. Als de verf is opgedroogd, worden alle onderdelen weer in elkaar gezet (met nieuwe afdichtingen natuurlijk!) en heeft het motorblok zijn "marinisering" al ondergaan.

Als de standaard waterpomp behouden blijft, wat afhankelijk is van het gekozen koelsysteem, kun je overwegen om deze op verdenking te vervangen door een nieuw onderdeel. De waterpomp is een uiterst veiligheidsrelevant onderdeel in het gebruik van de boot en het is onwaarschijnlijk dat hij nog zo goed is als nu.

Grondslagen

De volgende stap zijn de motorsteunen. De steunen die voorheen in auto's of vrachtwagens werden gebruikt passen niet, maar leveranciers van ombouwsets hebben hier ook een oplossing voor. Automotoren worden meestal ondersteund door twee elementen aan de voorkant, de rest van het gewicht wordt gedragen door een derde element dat aan de versnellingsbak is bevestigd. Scheepsfunderingen daarentegen zijn meestal geconstrueerd als spoorrails, waarvoor vier fundaties nodig zijn.

De motorsteunen moeten ontworpen zijn om trillingen te dempen en moeten afgestemd zijn op het gewicht van de motor/transmissie-eenheid. Ze zijn verkrijgbaar als rubberen/metalen steunen, voor zeer zware motoren als gas- of oliegevulde elementen en sinds kort ook in kunststof. Trillingsdemping is erg belangrijk, omdat anders niet alleen het comfort aan boord eronder lijdt. Als je de trillingen van je motor niet voldoende dempt, loop je het risico op gescheurde dynamo's, schuddende schroefaskokers en nog veel meer.

Er moet rekening mee worden gehouden dat bij schroefassen zonder druklagers de dynamische druk van de schroef onverminderd wordt doorgegeven aan de motorlagers. Bovendien worden de oscillerende elementen blootgesteld aan hoge belastingen als de boot in een diepe golftrog zakt en weer wordt opgetild door de volgende zee. In korte golven kan het gewicht van de motor verzesvoudigen ten opzichte van de stationaire toestand! Daarom zijn alleen motorfundaties die speciaal beveiligd zijn tegen afschuiven, bijvoorbeeld met een stopper of een gedwongen begrenzer, geschikt voor gebruik op schepen.

We schroeven deze elementen op het blok (meestal op de plaatsen waar voorheen de oude motorsteunen zaten; het kan zijn dat je zelf hoeksteunen moet maken) en meten of de motor nu op de fundatie van het schip past. Het kan nodig zijn om de funderingen te verlengen of te verbreden met ijzeren beugels; dit is waar de klusjesman om de hoek komt kijken. Nu weet je ook de exacte inbouwhoogte van de motor en het kan geen kwaad om nog een keer te meten om er zeker van te zijn dat hij echt past zoals bedoeld.

In moeilijke installatieomstandigheden (bijv. smalle machinekamer, krappe astunnel) kan het nuttig zijn om een installatieframe te maken om de nodige aanpassingen aan de fundering gemakkelijker te kunnen uitvoeren. Een paar (rechte!) daklatten en een exacte meting van de machine en de motorsteunen zijn hiervoor voldoende.

Zo'n montageframe maakt het vooral gemakkelijker om de machine uit te lijnen met de asuitlijning.

Olietoevoer

De olietoevoer vindt hoofdzakelijk plaats in de motor en hoeft daarom alleen in uitzonderlijke gevallen te worden aangepast aan het natte werkgebied. In de motor wordt de olie opgevangen in de oliepan en teruggepompt naar de smeerpunten door de sikkelpomp die zich daar bevindt. Dit kan (en moet) zo blijven.

Er zijn echter twee verschillen: in een auto wordt de olie gekoeld door de luchtstroom die langs de oliepan stroomt; in een boot is dit niet het geval. In uitzonderlijke gevallen kan dit aparte oliekoeling noodzakelijk maken, vooral in het geval van zwaar belaste grotere motoren in zeer krappe motorcompartimenten. Als de basismotor echter niet was uitgerust met een oliekoelsysteem, is er meestal ook geen nodig in de boot. Als er echter achteraf een wordt ingebouwd, wordt een olie/waterkoeler aanbevolen. Passende oliekoelers zijn verkrijgbaar voor verschillende aansluitmaten, bijvoorbeeld van E.J. Bowman. Ze worden op de aansluiting van het oliefilter geschroefd, dat op zijn beurt zijn plaats vindt op de aansluitflens.

Het is vaak belangrijk om een oliethermometer te installeren. Er zijn geschikte sensoren voor elke motor, die ofwel op de oliepan (op één na beste oplossing) of op de aansluiting van het oliefilter (beter) worden gemonteerd. In tegenstelling tot bij auto's zijn oliethermometers belangrijk bij motoren voor de zeescheepvaart, omdat de olietemperatuur constant in de gaten moet worden gehouden, vooral als er lange tijd volgas wordt gereden vanwege het gebrek aan luchtstroom.

Het is essentieel om een hoorbare waarschuwing te geven als de oliedruk daalt. Op het cruciale moment kijkt de schipper nauwelijks naar het dashboard en wordt het rode controlelampje niet opgemerkt. Anders dan in een auto bevinden de instrumenten op een boot zich vaak niet in het gezichtsveld van de schipper; het directe zonlicht in onbeschermde cockpits doet de rest. Er zijn adapters die op de aansluitschroefdraad van de oliedruksensor op het blok worden geschroefd en twee aansluitingen hebben: Eén voor de oliedruksensor en één voor het akoestische signaalapparaat, waarop een kleine 12 V hoorn is aangesloten. Dit alles is niet verkrijgbaar bij de leveranciers van marinisatieonderdelen, maar elke grote BOSCH-service of scheepselektricien kan helpen.

Het tweede verschil in de olietoevoer van boten en auto's ligt in de wankele omgeving: Automotoren zijn niet ontworpen voor de hellingshoeken die op zee voorkomen. In het ergste geval wordt de olie in de oliepan naar één kant geduwd door de centrifugale kracht die optreedt bij ruwe zee, zodat de oliepomp slechts korte tijd lucht aanzuigt.

Er zijn nauwelijks technische oplossingen voor dit dodelijke fenomeen voor hobbyzeilers. Ze zouden een basismotor van een terreinwagen kunnen nemen, die bijna

altijd oliecarters en oliepompen hebben die zijn aangepast aan grote kantelhoeken. Deze zijn echter zeldzaam
(uitzonderingen: Land Rover, Mercedes G-modellen).
Of hij kan de olietoevoer ombouwen naar een dry sump
smeersysteem zoals in raceautomotoren. Dit is echter
duur en niet standaard beschikbaar voor dieselmotoren.
Je zou hier moeten sleutelen en dat is iets wat je beter
links kunt laten liggen als het gaat om de olietoevoer van
een motor.

Uiteindelijk is er weinig andere keuze dan je in de toekomst verstandig te gedragen, d.w.z. niet meer te rijden
bij zeer hoge zeeën, ervoor te zorgen dat het oliepeil altijd zo hoog is als toegestaan en in kritieke situaties de
oliedrukmeter in de gaten te houden en bliksemsnel gas
terug te nemen. Dit is de meest pragmatische oplossing
die in de praktijk goed werkt, ondanks alle onheilsprofe-
tieën.

Motorkoeling

De grootste ingrepen tijdens het mariniseren hebben betrekking op het koelsysteem. Dit is gemakkelijk te begrijpen als je bedenkt dat een automotor in wezen wordt
gekoeld door de luchtstroom. Tenzij je een speedboot
hebt of de haven alleen verlaat bij windkracht 10 of hoger, is deze niet beschikbaar aan boord. Zelfs luchtge-
koelde automotoren die werden omgebouwd tot bootmotoren moesten uitgebreid worden uitgerust met een
waterkoelsysteem. Aan de andere kant is er buitenboord
een bijna onbeperkte voorraad koelwater beschikbaar.

Wat ligt er dan meer voor de hand dan gewoon het omgevingswater door de koelwaterkanalen van de motor te leiden?

Koeling in één circuit

Dit is hoe enkelcircuit- of zeewaterkoeling eigenlijk werkt. Het zeewater wordt via een zelfaanzuigende waaierpomp opgepompt, gefilterd, door de motor geleid en via de uitlaat terug naar zee gepompt. Er is niet veel fantasie voor nodig om te bedenken dat dit geen goede oplossing is.

De waaierpomp transporteert het zeewater door een filter naar de thermostaat. Na het koelen van de motor wordt het water in de uitlaatpijp gespoten. Er moet een bypass zijn om de uitlaatpijp te koelen als de thermostaat gesloten is.

In dit ontwerp stroomt zeewater door de motor en tast het de koelkanalen en afdichtingen aan, die snel roesten. Met name sommige aluminium onderdelen lossen verrassend snel op, maar de ervaring leert dat er geen motoronderdelen zijn die langdurig bestand zijn tegen de aanval van zout water zonder schade op te lopen. Snelle slijtage is hier onvermijdelijk.

Bovendien mag zout water niet warmer worden dan 60 graden Celsius, omdat het zout in het water bij hogere temperaturen kristalliseert. Deze kristallen zouden de koelkanalen snel blokkeren, waardoor de machine oververhit zou raken. Aan de andere kant hebben moderne dieselmotoren hogere bedrijfstemperaturen van 80-90 graden Celsius nodig om optimaal te kunnen werken. Lagere temperaturen zouden de slijtage en het verbruik van de motor verhogen. Machines die rechtstreeks met zeewater worden gekoeld, draaien daarom permanent op een te lage temperatuur.

Enkelcircuitkoeling is daarom alleen aanvaardbaar voor kleine machines van 5-15 kW als een (slecht), kosten-effectief compromis voor de korte termijn. Deze machines zijn meestal gebaseerd op uiterst robuuste en weinig veeleisende aandrijvingen voor bouwmachines die deze extra belastingen redelijk goed aankunnen en worden meestal geïnstalleerd in zeilboten, waar ze toch al zelden worden gebruikt.

Voor onze machines, die allemaal een of twee maten groter zijn, is koeling met één circuit, hoe goedkoop en eenvoudig ook, uitgesloten, zelfs als er af en toe overe-enkomstige onderdelen worden aangeboden. We zouden onze uitvoerig gemariniseerde machine voortijdig ter ziele laten gaan. Er is ook kans op vorstschade in de winter als de motoren niet zorgvuldig worden afgetapt.

Dus wat moet je doen? Je moet er rekening mee houden dat het koelwater in een auto, dat eigenlijk een mengsel is van antivries, roestwerende additieven en slechts on-geveer 70% water, circuleert in een gesloten systeem. Er is een intern koelcircuit waarin de koelvloeistof wordt gecirculeerd door een waterpomp die wordt aangedre-ven door de krukas via een V-snaar, alleen binnen de motor. Dit interne koelcircuit wordt niet gekoeld, waardoor de koelvloeistof erg snel opwarmt. Dit is een opzettelijk effect, omdat de motor zo snel op bedrijfstemperatuur komt. Zodra deze temperatuur is bereikt (meestal 82-88 graden Celsius), opent een temperatuurgeregelde klep (thermostaat) het tweede (buitenste) koelcircuit, dat de koelvloeistof nu door de radiateur leidt, waar het wordt afgekoeld door de koude lucht die langsstroomt (geholpen door een ventilator als deze zich langzaam verplaatst) en vervolgens terug naar het binnenste koelcircuit wordt gestuurd. In de regel is de temperatuurdelta, d.w.z. het temperatuurverschil tussen ongekoelde en afgekoelde vloeistof, 1012 graden Celsius.

We moeten dit beproefde systeem zo goed mogelijk kopiëren in de boot, omdat onze motor hier vanaf de fabriek voor is ontworpen. Gezien de gevoeligheid van de motor voor corrosie en verstopping van de koelkanalen is het duidelijk dat het gesloten koelcircuit in de motor, waarin het mengsel van water, antivries en roestremmer circuleert, niet mag worden aangeraakt. Het mag niet worden vervangen door zeewater of een andere vloeistof. Deze koelvloeistof moet echter wel op de een of andere manier gekoeld worden, anders zou de motor snel oververhit raken. Er zijn twee methoden die in de botenbouw worden gebruikt om dit probleem op te lossen: oppervlaktekoeling (ook wel zak- of kielkoeling genoemd) en dubbelcircuitkoeling.

Bij oppervlaktekoeling (ook wel *zakkoeling genoemd) wordt* de koelvloeistof door koelzakken geleid die in de bodem van het schip zijn geïnstalleerd of door pijpen die aan de buitenkant van de kiel zijn geïnstalleerd. In beide gevallen wordt de koeling bereikt doordat het water langs de buitenhuid of de koelpijp stroomt.

Zakkoeling werkt alleen als er voldoende warmte-uitwisseling is door de aard van de buitenhuid, d.w.z. bij staal en aluminium. Kunststof rompen of zelfs houten boten zijn volledig uitgesloten voor zakkoeling. De enige optie hier is het installeren van (minder effectieve) kielkoeling met behulp van pijpen, maar dit is alleen geschikt voor kleinere motoren vanwege de beperkte capaciteit. Bovendien heb je voortdurend een niet bepaald kleine "onderwaterrem" bij je, wat vooral voor zeilers vervelend is.

Oppervlaktekoeling is het beste compromis waar het structureel mogelijk is. De voordelen liggen voor de hand:

- Geen openingen in de romp voor vers water en afvalwater
- Slechts één koelwaterpomp nodig (zoals in een auto)
- Geen verontreiniging van het koelsysteem van buitenaf
- Optimale bedrijfstemperatuur van de machine door de thermostaat aan te houden

- Geen zout water in het systeem
- Perfecte vorstbescherming

De nadelen zijn het hoge gewicht van de koeltassen en de grote hoeveelheid koelvloeistof die constant wordt meegevoerd, en het feit dat een groot deel van de romp niet meer van binnenuit kan worden geïnspecteerd op schade, met name corrosie. Dit laatste zou echter beheersbaar moeten zijn door een royaal gebruik van roestwerende additieven in het koelwater en het regelmatig vervangen van de koelvloeistof om de twee tot drie jaar.

Bovendien is er een zekere gevoeligheid voor vervuiling van de buitenhuid, omdat dit de warmte-uitwisseling en dus het koelingseffect vermindert. Natuurlijk is deze vorm van koeling slechts in zeer beperkte mate geschikt voor zeer warme wateren, maar in onze streken met een watertemperatuur van maximaal 20 graden Celsius is het ongetwijfeld het optimum voor middelgrote en grote metalen schepen. Het is niet voor niets dat de Duitse maritieme opsporings- en reddingsdienst (DGzRS) veel van zijn reddingskruisers uitrust met dit koelsysteem. Vooral in de ondiepe Waddenzee met zijn vele bronnen van vervuiling is er niets beters.

Aan de andere kant kan pocketkoeling niet achteraf worden ingebouwd; of de ontwerper heeft het vanaf het begin voorzien of je moet het zonder doen. De reden hiervoor is de enorme hoeveelheid ruimte die de koelzakken nodig hebben. Als vuistregel geldt dat voor elke

10 kW machinevermogen een bevochtigd oppervlak van 23 dm² nodig is. Bij 50 kW is dit 115 dm ! ²

Dit levert nog een ander probleem op: als het schip is uitgerust met koelvakken en er later een grotere motor dan ontworpen wordt geïnstalleerd, kunnen er koelproblemen ontstaan als het natgemaakte oppervlak niet meer voldoende is. In de regel kan het later niet worden uitgebreid. Dit effect wordt nog verergerd door het fenomeen dat het debiet en daarmee het koelingseffect niet meer toeneemt boven een bepaald toerental van de koelwaterpomp. Dit is te wijten aan de stromingsweerstand van het grote volume koelvloeistof, dat niet meer kan worden versneld boven een bepaalde circulatiesnelheid, en leidt tot een plotselinge temperatuurstijging in het gebied van het piekvermogen van de motoren, maar is in de praktijk ongevaarlijk en wordt al in aanmerking genomen in de formule voor het berekenen van de grootte van de koelzakken. Toch is het belangrijk om dit fenomeen, dat niet optreedt bij andere koelmethoden, in de gaten te houden.

Oppervlaktekoeling stelt de laagste eisen aan de marinisatie van motoren; het proces is in principe hetzelfde als bij de installatie van een koelsysteem met één circuit, behalve dat er zeewater wordt toegevoerd en dat hier koelvloeistof wordt gecirculeerd.

Daarom moet er een watergekoeld uitlaatspruitstuk (combikoeler) worden geïnstalleerd, dat met nieuwe pakkingen op de plaats van het uitlaatspruitstuk aan het motorblok wordt vastgeschroefd. Indien nodig moeten de tapeinden van het uitlaatspruitstuk worden ver-lengd. Draai hiervoor twee moeren op de tapbouten, zet ze vast en draai vervolgens de bout los. Let op de ster-kteklasse van de nieuwe bouten. Zoals bij alle werk-zaamheden aan het motorblok zijn zelfborgende bouten vereist. Indien nodig kun je jezelf helpen met Loctite of een vergelijkbaar bevestigingsmiddel.

Het watergekoelde uitlaatspruitstuk dient twee doelen: ten eerste fungeert het als een compensatiereservoir voor de koelvloeistof en dient het om het koelsysteem te ontluchten, en ten tweede wordt het uitlaatgas van de motor voorgekoeld.

De ontluchting gebeurt ofwel heel eenvoudig via de ko-elwatervulopening, die voorzien is van een overdruk-ventiel, ofwel via een apart, klein reservoir waarnaar een slangverbinding loopt vanaf het hoogste punt van het koelsysteem, meestal het watergekoelde uit-laatspruitstuk. De aansluitingen voor de koelwatercir-culatie zijn heel eenvoudig en komen overeen met die op de radiator van de auto.

Er is echter nog iets om rekening mee te houden. Het ko-elen van de uitlaatgassen van de motor is bijzonder be-langrijk in een boot. Koeling door de luchtstroom, die in auto's zo belangrijk is, ontbreekt volledig. Als de uitlaat-pijp niet gekoeld zou worden, zou je een eersteklas brandhaard hebben. De zoetwaterinjectie in het uit-laatspruitstuk die mogelijk is bij zeewaterkoeling is hier niet mogelijk door het gebrek aan zoet water in het ko-elcircuit. Hoewel de uitlaatgassen worden gekoeld door het al genoemde (en geïnstalleerde) watergekoelde uitlaatspruitstuk, is dit niet genoeg.

Als er geen andere alternatieven zijn, wordt aanbevolen om de rookgascollector via de kortste route aan te sluiten op een pijp, waar vervolgens zoet water (zeewater) doorheen stroomt.

Bij een uitgekiend ontwerp is alleen al de druk die in de uitlaatpijp wordt opgewekt voldoende om deze pijp constant met zeewater door te spoelen, zelfs als het schip stil ligt.

Dubbelcircuit verswaterkoeling

Als de optie van oppervlaktekoeling niet beschikbaar is, omdat de boot van hout of kunststof is of omdat het ontwerp niet in deze vorm van koeling voorziet, is er nog altijd het dubbelcircuit zoetwaterkoelsysteem. Dit werkt in principe op een vergelijkbare manier als oppervlaktekoeling, behalve dat het tweede (externe) koelcircuit hier niet door koelzakken loopt, maar door een warmtewisselaar waarin het zijn warmte afgeeft aan zoet water, dat wordt toegevoerd en afgevoerd door een aparte pomp.

Deze vorm van motorkoeling is de regel voor grotere motoren, omdat slechts enkele boten ontworpen zijn voor oppervlaktekoeling en enkelcircuitkoeling om de genoemde redenen niet mogelijk is. Er is altijd een water/water-warmtewisselaar nodig, die gemaakt moet zijn van corrosiebestendig materiaal, omdat er zoet water (= zout water) doorheen stroomt. In veel gevallen wordt een gecombineerde warmtewisselaar/uitlaatgaskoeler (combikoeler) gebruikt, die rechtstreeks op het motorblok wordt geschroefd in plaats van op het uitlaatspruitstuk; soms is de warmtewisselaar apart.

Combikoelers zijn zwaar en moeten vaak worden voorzien van aparte steunen. Ook hier wordt het koelsysteem ontlucht via de uitlaatgaskoeler/combikoeler, via een overdrukventiel in de dop of via een aparte overloopbak. De originele waterpomp voor het motorcircuit is behouden.

De extra waterpomp voor het drinkwatercircuit is ook verbonden met de motor en wordt meestal aangedreven door de krukas via een V-snaar. Vanwege de anders te grote axiale trekkracht op de poelie aan de pompzijde, mag de pomp niet stevig aan de motor worden bevestigd, zelfs niet als de pomp overeenkomstige bevestigingspunten heeft. Het is beter om de pomp vrij te monteren, alleen vastgehouden door de bevestigde slanguiteinden, zodat de pompas zo vrij mogelijk kan draaien. De pomp moet op zijn minst elastisch worden opgehangen.

Voor Mercedes-motoren bieden sommige leveranciers waterpompaansluitingen voor de flens van de vacuümpomp (die in de boot overbodig is). Dit is elegant, maar ook duur. Het is ook mogelijk om een elektrische waaierpomp te gebruiken voor het schoonwatercircuit, wat altijd een optie is als de installatieomstandigheden moeilijk zijn. In ieder geval moet de pomp zelfaanzuigend zijn, dus het gebruik van een conventionele circulatiepomp is uit den boze.

Voormalige industriemotoren (zoals sommige OM 636) hebben soms mechanische aftakassen, waarvoor vroeger waterpompaansluitingen waren. In de loop van de standaardisatie is dit systeem op een gegeven moment afgeschaft.

De zeewaterpomp is een zelfaanzuigende, zeewaterbestendige waaierpomp, waarvan de grootte moet overeenkomen met de zoetwaterdoorvoer van de warmtewisselaar. Als regel wordt 45 liter/minuut berekend voor elke 100 liter warmtewisselaarcapaciteit. De capaciteit van de waterpomp mag niet groter zijn dan 2 m/sec. aan de zuigzijde en 3 m/sec. aan de perszijde, wat kan worden geregeld door de diameter van de zeewaterleiding. In geen geval mag de pomp te groot worden gekozen, omdat anders het vermogensverlies onnodig hoog is en er schade kan optreden in de buizenbundel van de warmtewisselaar door cavitatie als het debiet van het water te hoog is.

Het zeewaterfilter wordt vóór de pomp geïnstalleerd, maar dit gebeurt pas later in de boot. Het is vooral belangrijk dat het filter altijd gemakkelijk toegankelijk is. Een schakelbaar dubbel filtersysteem is duurder, maar ook veiliger. Het filter moet minstens 15 cm boven de waterlijn worden geïnstalleerd, zodat het tijdens het gebruik kan worden gereinigd, zelfs als de zeewaterkraan open staat.

Iets over het inspuiten van uitlaatgassen in de uitlaatgasstroom: Dit wordt soms gedaan om twee redenen: Ten eerste wordt de koeling versterkt door het vernevelde water en ten tweede bindt het vernevelde water het roet in de uitlaatgassen waardoor het schoner lijkt dan het in werkelijkheid is. Waterinjectie is echter niet absoluut noodzakelijk voor de hier besproken motoren, het uitlaatgas wordt er niet schoner door en de kosten voor de injectiering kunnen veilig worden bespaard. Het is voldoende om het zeewater gewoon in de uitlaatpijp te voeren.

Overigens hebben grote Amerikaanse motoren (meestal benzinemotoren) vaak alleen enkelcircuitkoeling vanaf de scheepswerf. Daar zijn geen zinnige redenen voor als de boot ook in zout water wordt gebruikt. Vooral benzinemotoren met een groot volume nemen bedrijfsomstandigheden onder de normale koelwatertemperatuur van 80-90 graden extreem slecht op. Dit fenomeen kan het best worden verklaard door het feit dat scheepsmotoren in de VS veel goedkoper zijn dan in Europa en daarom goedkoper te vervangen, en veel boten daar krijgen voornamelijk zoet water onder de kiel. Het hogere benzineverbruik dat gepaard gaat met "onderkoeling" is ook geen afschrikmiddel in het land van de mogelijkheden.

Voor de meeste van deze motoren zijn ook conversiekits voor dubbelcircuitkoeling verkrijgbaar. Nog beter is de conversie naar een dubbelcircuit gekoelde dieselaandrijving.

Uitlaatsysteem

We hebben al geschreven over het koelen van het uitlaatsysteem met koelwater of vers water, dus er is eigenlijk niets anders om rekening mee te houden, althans niets dat te maken heeft met het mariniseren van de basismotor. Wat belangrijk is, is dat het uitlaatsysteem de juiste stroomsnelheid heeft, een voldoende gedimensioneerde watercollector (vooral belangrijk bij lange uitlaatpijpen, zoals het geval is bij veel zeilboten) en een uitlaatbocht. Deze onderdelen zijn verkrijgbaar bij accessoirehandelaars (bijv. VETUS).

Lucht-/brandstoftoevoer

De lucht- en brandstoftoevoer naar de dieselmotor verandert nauwelijks tijdens het mariniseren. Het standaard luchtfilter van het donorvoertuig kan worden behouden als er genoeg ruimte is om het te installeren, anders zijn er een aantal kant-en-klare alternatieven.

Omdat de omgevingslucht meestal erg schoon is, zijn de filters toch al min of meer werkloos. Als de carter- of kleppendekselventilatie standaard in het luchtfilter wordt uitgevoerd, moet dit op de gemariniseerde motor ook worden gehandhaafd. Bij de VW 068 bijvoorbeeld wordt de kleppendekselventilatie in een aparte container uitgevoerd.

Voor de brandstoftoevoer is grondiger ingrijpen vereist. Dit komt doordat boottanks veel gemakkelijker en sterker vervuild raken dan bijvoorbeeld autotanks.

Booteigenaren tanken vaak met vuile dieselbussen en in de loop der jaren verzamelt zich onvermijdelijk vuil op de bodem van de tanks, dat op een gegeven moment opwaait (door deining of zelfs alleen maar door opnieuw tanken) en naar de motor wordt getransporteerd tot het de leiding, de inspuitstukken of het filter verstopt. Er is ook het probleem van condensvorming in de tank, dat veel groter is dan in een auto vanwege de grote temperatuurverschillen op het water en de lagere doorvoer, tenminste als er voor een metalen tank wordt gekozen. Goed filteren en aftappen van de diesel in de boot is daarom belangrijk. Als je bedenkt dat met name zware zeeën vuil in de tank kunnen doen ronddwarrelen en zo de zeer gevoelige inspuitkoppen kunnen verstoppen, wordt het duidelijk dat een goede filtering van de diesel een elementair veiligheidselement is.

Het filter dat standaard op de dispensermotor zit, voldoet niet aan deze eisen; als het verstopt raakt of volloopt met condens, zal de machine uitvallen. Er moet dan onmiddellijk actie kunnen worden ondernomen en dit is alleen mogelijk als er een meervoudig filtersysteem is geïnstalleerd. Hier is het mogelijk om met een simpele handbeweging van het ene filter naar het andere te schakelen en zo de machine opnieuw op te starten. Meervoudige filtersystemen zijn verkrijgbaar bij alle grote filterfabrikanten. Deze systemen moeten zich in de machinekamer bevinden zodat ze snel bereikbaar zijn. Het is ook belangrijk dat het filter een waterafscheider heeft die gemakkelijk te bedienen is. Als je eerst een geschikt gereedschap nodig hebt om het water af te voeren, zoals nu gebruikelijk is in sommige auto's, kan het apparaat niet worden gebruikt in een boot.

Nog even over de brandstofterugvoer. In de regel levert de injectiepomp aanzienlijk meer diesel dan de motor nodig heeft voor de verbranding. Bij deellast verbrandt de motor soms maar 10-20% van de geleverde hoeveelheid diesel. De rest wordt via de retourleiding terug in de tank gepompt. Dit kan lastig zijn als je meerdere tanks hebt. Als de retourleiding maar in één tank gaat en je rijdt vanuit een andere tank, dan zal die verrassend snel leeg zijn, terwijl de andere overstroomt. Het is daarom zinvol om de retourleiding zo te leggen dat deze tussen de tanks kan worden geschakeld - net als de toevoerleiding - of om de tanks te verbinden met een vereffeningsleiding (die in geval van nood kan worden afgesloten!).

Versnellingsbak

Versnellingsbak is een veel te korte term en eigenlijk een eufemisme voor wat ons te wachten staat: We moeten een versnellingsbak, een versnellingsbakklokhuis, een demperplaat en, in veel gevallen, een adapterhuis kopen en, erger nog, het moet allemaal in elkaar passen. Echt, iedereen die dit allemaal moet coördineren, kan het gevoel hebben dat hij in Babylon is. Iedereen spreekt een andere taal, niemand begrijpt elkaar en niets lijkt te passen.

Ten eerste kan de versnellingsbak van de auto veilig worden gedemonteerd; deze mag in geen geval in de boot worden gebruikt. Hetzelfde geldt voor de koppelingsklok en de koppeling. De laatste moet echter niet meteen worden weggegooid; je hebt misschien de gaten en afmetingen nodig om de demperplaat aan te passen.

Bestuurbare schroef of tandwielkast?

De versnellingsbak heeft twee functies: Hij verlaagt (onderdrukt) een motortoerental dat altijd te hoog is voor de propeller en hij zorgt ervoor dat er van vooruit naar achteruit kan worden geschakeld. De laatste functie is in ieder geval niet nodig als je een verstelbare schroef of een draaibladschroef hebt: Deze zorgen ervoor dat het vermogen naar achteren, naar voren of voor een neutrale en zeilstand wordt verdeeld door simpelweg de schroefbladen te verstellen of te draaien (dit laatste ontbreekt bij de draaibladschroefvariant).

De inherent hoge snelheden van moderne dieselmotoren vereisen echter ook een reductie, zodat zelfs bij gebruik van een verstelbare schroef ten minste een reductietandwiel nodig is. Bovendien zijn verstelbare schroeven duur en worden ze uiteindelijk - naast grote schepen - vooral geïnstalleerd in krachtige zeiljachten, waar de zeilstand van de bladen voor het laatste beetje snelheid zorgt. Dit is geen optie voor de gemiddelde consument, vooral omdat de kosten voor de reductiekast en de verstelbare schroef vele malen hoger zijn dan voor een normaal tandwielkastsysteem met een vaste schroef.

Selectie versnellingsbak

De versnellingsbakselectie is gebaseerd op de volgende criteria:

- Motorvermogen
- Koppel
- Ingangssnelheid versnellingsbak
- Installatievoorwaarden

Het vermogen dat transmissies "verwerken" begint bij ongeveer 0,3 kW/100 tpm, wat overeenkomt met ongeveer 9 kW bij een motortoerental van 3.000 tpm. Er is geen praktisch relevante bovengrens. Het tegenovergestelde geldt voor de maximale ingaande snelheid van de versnellingsbak: deze neemt af naarmate de grootte van de versnellingsbak toeneemt. Voor de prestatiegegevens van de motor is het daarom noodzakelijk om de transmissiedealer te raadplegen. Voor het "massamotorisatie"-bereik van 20 tot 80 kW heeft iedereen sowieso wel iets geschikts op voorraad.

Dit brengt ons bij het volgende criterium, grootte. Grofweg zijn er twee generaties versnellingsbakken binnen de respectieve prestatieklasse: de oude versnellingsbakken die in de jaren vijftig en zestig zijn ontwikkeld en de "nieuwe ontwikkelingen", die vaak niet eens half zo groot zijn, waarbij het woord "nieuw" relatief is als het wordt gebruikt om een ontwerp te beschrijven dat zelf al 20 jaar oud is. Hoe dan ook, als je beperkte ruimte hebt, is het beter om voor een kleinere versnellingsbak te kiezen, vooral omdat hier geen nadelen aan verbonden zijn. Voor veel units zijn er ook aansluitingen voor Z-aandrijvingen, maar daarover later meer.

Tot slot is het belangrijk of de tandwielkast schuin is of niet; het is essentieel om de exacte installatieomstandigheden in je boot te weten te komen voordat je tot aankoop overgaat. De schroefaskoker kan alleen achteraf worden verplaatst in de meest zeldzame gevallen!

V-versnellingsbakken zijn een speciaal geval. Hier zit de versnellingsbak vóór de motor en loopt de as eronderdoor naar achteren; een opstelling die eigenlijk alleen in de moeilijkste installatieomstandigheden zou moeten worden gerealiseerd. De weinige V-versnellingsbakken die verkrijgbaar zijn, zijn ook duur en de installatie is iets voor slangen.

Als er alternatieven beschikbaar zijn, moet je hydraulische tandwielkasten vermijden. Ze vereisen altijd aparte oliekoeling, zijn dus duurder en kunnen niet mechanisch worden geblokkeerd zonder motorvermogen (= oliedruk), een omstandigheid die sportieve zeilers of diegenen die hun boot in getijdenwateren aanleggen tot witte hitte kan drijven als de as eindeloos doorrommelt. Daarentegen lijken de voordelen (iets soepeler lopen, eenvoudiger afstellen van de versnelling) niet doorslaggevend te zijn bij normaal gebruik op kleinere pleziervaartuigen.

De volgende lijst bevat de meest voorkomende typen versnellingsbakken die in Duitsland verkrijgbaar zijn. De overbrengingsverhoudingen zijn niet gespecificeerd, omdat vrijwel alle vereiste overbrengingsverhoudingen beschikbaar zijn voor alle typen. Waar gegevens worden gegeven in de kolommen vermogen en afmetingen van/tot, heeft dit betrekking op versies met verschillende overbrengingsverhoudingen.

De markt voor boottransmissies is ook kleiner geworden. Hurth, vroeger een belangrijke leverancier, is opgeslokt door ZF en PRM verkoopt ook Velvet-producten in Duitsland. De concurrentie is dus minder hevig dan op het eerste gezicht lijkt.

Versnellingsbak boot

ZF Marine (Hurth)						
5M (50)	m 8	62	0	5000	155	0,5-0,7
10M (100)	m 10	62	0	5000	180	0,9-1,4
12M (125)	m 13	72	0	5000	192	1,5-1,8
15M (150)	m 13	72	0	5000	192	2
15MIV (150V)	m 20	147	15	5000	265	1,5-2

15MA (150A)	m	13	94	0	5000	194	1,5-2
25m (250)	m	18	85	0	5000	218	2,4-3,6
12 (125H)	h	13	72	0	5500	203	1,5-1,8
25 (250H)	h	25	88	0	5500	296	3,4-4,4
25A (250A)	h	24	216	8	5500	216	3,4-4,4
45 (450H)	h	60	151	0	5500	296	6,3
45A (450A)	h	28	228	8	5500	228	5,9-6,3
63 (630H)	h	64	126	0	5500	322	7,9-9,6
63A (630A)	h	44	265	8	5500	265	8,4-9,6
80A	h	62	291	8	4500	291	11,4-
220	h	63	135	0	4500	135	11,5-
220A	h	50	246	10	4500	246	11,5-
280	h	73	246	0	3200	146	15,3-
280A	h	73	280	7	3200	280	16,2-
301A	h	90	324	10	3000	324	17,2
PRM							
80	m	12	72	0	5000	196	0,9-1,3
120	m	16	72	0	5000	216	1,3-1,7
150	h	21	74	0	5000	216	2,1

260	h	48	89	0	4500	293	3,6
500	h	68	121	0	4500	314	6,2-6,4
750	h	72-80	121-	0	4500	314	8-10,5
750A	h	90	76	8	4500	413	8-9,6
1000	h	86-93	135-	0	3500	305	11,5-
1000A	h	118	86	10	3500	406	11,5-
1500SC	h	260	188	0	3000	513	18,9-21
1500DC	h	300	248	0	3000	513	18,3-21
Techno							
345A	h	25	111	8	4500	224	2,9-4,8
Dubbele schijf							
506	h	105	0	0	3000	255	10-11,3
506A	h	120-	37-39	10	3000	264-	10-11,3
5050	h	80	134	0	3300	325	11,4
5050A	h	80	140	10	3300	307	11,4-13
5061	h	98	144	0	3200	335	14,3

| 5061A | h | 91 | 146 | 7 | 3200 | 318 | 15,3- |

Fluweel							
71	h	40-600		0	5000	267-	5,7
72	h	49	0	0	5000	291	8,6
172V	h	69	0	0	5000	452	7,1-8,6
5000	h	49	151	8	5000	228	8,5-9,6

Technodrive							
TM 93	h	51	0	0	n.b..	n.b..	n.b..
TM 93A	h	51	0	8	n.b..	n.b..	n.b..
TM 170	h	75	0	10	n.b..	n.b..	n.b..
TM 200	h	220	0	0	n.b..	n.b..	n.b..
TM 265A	h	165	0	7	n.b..	n.b..	n.b..
TM265	h	165	0	0	n.b..	n.b..	n.b..
TM 360	h	415	0	0	n.b..	n.b..	n.b..
TM 345A	h	25	0	8	n.b..	n.b..	n.b..
TM 545A	h	36	0	8	n.b..	n.b..	n.b..

Als je niet naar de euro hoeft te kijken, vind je vast wel iets geschikts bij je vertrouwde versnellingsbakdealer. En scheepstransmissies hoeven niet zo duur te zijn.

Weliswaar zijn ze ook relatief eenvoudig van ontwerp en bevatten ze slechts een fractie van de onderdelen van een moderne versnellingsbak voor auto's, maar je kunt je niet aan de indruk onttrekken dat de golf van vergulde versnellingsbakken, die anders zo populair is bij sportschippers, een beetje aan hen voorbij is gegaan. Dit kan te maken hebben met de leeftijd van de ontwerpen, aangezien de machines die gebruikt zijn om ze te maken in veel gevallen waarschijnlijk afgeschreven zijn.

Als een nieuwe versnellingsbak echter nog steeds te duur voor je is, kun je kiezen voor een tweedehands exemplaar, hoewel de ervaring leert dat de beschikbaarheid beperkt is. Het vinden van precies de juiste versnellingsbak op EBAY voor een spotprijs is waarschijnlijk alleen weggelegd voor een echt geluksvogel. En wees gewaarschuwd: versnellingsbakken kunnen gebreken vertonen. Als de schipper herhaaldelijk van vol vooruit naar vol achteruit heeft geschakeld omdat hij zelf te vol zat om het verkeer in te schatten, kan de versnellingsbak ernstige schade hebben opgelopen, die soms pas duidelijk wordt als de boot onder belasting ligt.

Zodra de versnellingsbak is aangeschaft, kun je proberen hem te monteren. Deze defaitistische uitdrukking is niet toevallig gekozen. Proberen is de juiste term. Motoren versnellingsbakaansluitingen zijn niet gestandaardiseerd, niets past. En zelfs de versnellingsbakdealer, het eerste aanspreekpunt als het gaat om versnellingsbakadapters, is soms overweldigd. Het enige wat hier helpt is uitproberen.

Ten eerste moet de demperplaat op het vliegwiel van de motor worden gemonteerd. Zelfs dit lijkt soms op een spelletje vabanque omdat de gaten op de plaat niet altijd in lijn liggen met de schroefgaten in het vliegwiel. Als ook de centreerpen niet past, kom je al snel in contact met een slotenmaker.

Met zijn verende, rubberen of - meer recentelijk - kunststof elementen dient de demperplaat om de resonantietrillingen te verminderen die elke motor onvermijdelijk genereert en die worden geabsorbeerd door de koppeling in het voertuig. De demperplaat ontkoppelt het vliegwiel mechanisch van de ingaande as van de transmissie, die wordt geabsorbeerd door een gedempt element in het midden van de demperplaat. Moderne lichtgewicht demperplaten van de nieuwste generatie werken zelfs met tweetraps demperelementen. Bij sommige kleinere motoren - bijvoorbeeld de Ford XLD en de Peugeot XUD - is de installatie van een demperplaat niet voldoende; deze machines hebben vaak sterke resonantietrillingen, waardoor een extra gewicht (massaring) tussen het vliegwiel en de demperplaat nodig is voor moderne lichtgewicht demperplaten. Je kunt zowel de demperplaat als de massaring verkrijgen bij je transmissiedealer of bij een specialist in demperplaten.

Vervolgens wordt het koppelingshuis van de versnellingsbak gemonteerd. Het komt ongeveer overeen, althans uiterlijk, met het koppelingshuis op het voertuig, maar dit is onbruikbaar om twee redenen: ten eerste passen de aansluitingen niet op de bootversnellingsbak en ten tweede zijn koppelingsklokhuizen vaak te omvangrijk voor de relatief korte ingaande assen van keerkoppelingen. Dit betekent dat er onvermijdelijk een aangepaste adapter van de versnellingsbakdealer nodig is, die op zichzelf vaak niet voldoende is omdat er (bijvoorbeeld in het geval van de VW 068) nog een versnellingsbakadapter nodig is. De reden: juist deze machine wordt heel vaak "verkeerd gebruikt", en niet alleen voor boten, zodat er nu talloze adapters zijn voor alle mogelijke toepassingen. Hierdoor is het gemakkelijker geworden om een adapter te bouwen voor de (al bestaande) adapter. Technisch gezien geen probleem, maar elk extra onderdeel kost geld en tijd tijdens de installatie.

Bij het installeren van het verbindingshuis van de versnellingsbak kan het zijn dat er niet genoeg ruimte is voor de demperplaat (die al vastgeschroefd is), waardoor verder tijdrovend improviseren nodig is. Er zijn bijvoorbeeld dieselmotoren uit de Mercedes OM 615-serie waarbij het vliegwiel iets verder naar achteren steekt dan bij andere motoren uit dezelfde serie. Iedereen die zo'n motor heeft bemachtigd, zal nu luid vloeken - en zijn nieuwe vriend, de slotenmaker, bezoeken om een afstandsring te laten maken. Gezegend is hij die in deze situatie een draaibank tot zijn beschikking heeft!

De lengte van de ingaande as van de transmissie kan ook problemen veroorzaken. Deze kan te kort blijken te zijn. In dat geval kan een afstandsring tussen het vliegwiel en de demperplaat helpen, wat weer alleen werkt als de verbindingsadapter van de versnellingsbak voldoende volume heeft. Hier is geklungel voor nodig, maar uiteindelijk lukt het wel.

As en schroef

Assen en propellers zijn slechts marginaal gerelateerd aan de marinisatie van motoren, dus dit onderwerp wordt hier alleen aangestipt.

Eerst moet de schroefgrootte en spoed worden berekend; naast de bootgegevens zijn hiervoor natuurlijk ook het motorvermogen en de overbrengingsverhouding nodig. Zelfs experts vinden dit vaak moeilijk; het kiezen van de juiste schroef is vaak een kwestie van ervaring en geluk.

De eerste stap is het bepalen van de benodigde spoed, hiervoor heb je de LWL (lengte in de waterlijn) van de boot en de assnelheid bij volle belasting nodig. Eerst wordt de rompsnelheid van de boot bepaald op basis van de LWL (2,3 - 2,6 x wortel uit 7,3) en omgezet in m/s (voorbeeld: LWL 7,3 m = 6,21 - 7,02 kn, gemiddelde waarde 6,6 kn = 3,39 m/s), vervolgens wordt het schroefsnelheid bepaald (nominaal toerental van de motor gedeeld door overbrengingsverhouding, ook omgezet in r/s) en vervolgens berekend: Rompsnelheid./.assnelheid x 40 % slip = spoed (voorbeeld: 3,39 m/s rompsnelheid ./. 20 r/s x 40 % slip = 28,25 cm of 11,02 inch).

De waarde voor de schroefslip alleen kan natuurlijk alleen bij benadering worden bepaald en is vaak een kwestie van ervaring, daarom is hier bijna altijd professionele hulp nodig. Dit geldt des te meer voor de berekening van de vereiste schroefdiameter (berekeningsformules hiervoor zijn bijvoorbeeld te vinden in REINKE/LÜTJEN/MUHS, Yachtbau, Delius Klasing Verlag).

Bovendien is het van essentieel belang dat de motor en de tandwielkast later, bij installatie in de boot, precies zijn uitgelijnd als er geen cardanas aanwezig is. De flexibele rubberen koppeling tussen de as en de uitgang van de versnellingsbak is niet in staat om axiale speling te compenseren, of slechts in zeer geringe mate (maximaal 5 graden, afhankelijk van de uitvoering)! Het is alleen bedoeld om trillingen te dempen, meer niet.

De as moet eerst worden gecentreerd aan de kant van de versnellingsbak en vervolgens moeten de motorfundaties zo worden uitgelijnd dat er geen uitlijnfout kan worden waargenomen tussen de achterste flens van de versnellingsbak en de as. De lagerspeling van de as (0,1 mm met intacte lagers) en de onvermijdelijke speling van de elastische motorfundaties maken deze manoeuvre tot een spel van geduld. Het is beter om meteen een kruiskoppeling of een elastische askoppeling te gebruiken, mits er voldoende ruimte is. Bij universele koppelingen moet echter altijd een druklager worden gebruikt.

De Z-aandrijving speelt een relatief kleine rol in de marinisatie van dieselmotoren. Dit komt omdat het bijna uitsluitend wordt gebruikt voor snelle zweefvliegtuigen (waar het zinvol is, onder andere vanwege de gewenste gewichtsoverdracht naar het achterschip). Voor deze voertuigen zijn echter meestal motoren van 100 kW en meer nodig, die thuis niet meer gemakkelijk te mariniseren zijn. De Z-aandrijving past qua ontwerp meestal niet in waterverplaatsende schepen en komt daarom alleen in zeldzame uitzonderingsgevallen voor.

STERN POWR levert universele Z-drives voor motoren van 50 kW tot ongeveer 300 kW; de ashoogte is tussen 330 en 380 mm. Bijna elke aandrijving kan aan deze Z-aandrijving worden gekoppeld, indien nodig zelfs via een as. Maar zoals gezegd heeft dit alleen zin met een krachtig zweefvliegtuig.

De saildrive daarentegen speelt op dit moment vrijwel geen rol in de marinisatie omdat deze als pure zeilbootaandrijving wordt gecombineerd met motoren in de lage vermogensklasse, waarvan de hobbymarinisatie nog niet mogelijk is .

Hulpstukken

De volgende onderdelen zijn nodig om de gemariniseerde motor te bewaken en te besturen:

- Toerenteller
- Koelwaterthermometer
- Bedrijfsurenteller
- Akoestisch waarschuwingsapparaat voor koelwatertemperatuur
- Olie thermometer

- Voltmeter (één voor elke batterij)
- Ampèremeter
- Contactslot
- Oplaadindicatorlampje
- Controlelampje oliedruk
- Akoestisch waarschuwingssysteem voor oliedruk
- Indien van toepassing: Controlelampje voorgloeien
- Indien nodig: Voorgloeischakelaar
- Indien van toepassing: Stopschakelaar

Of je een kant-en-klaar dashboard koopt of je eigen dashboard maakt, is een kwestie van smaak en prijs. Maar: zelfs gekochte panelen moeten bedraad worden, dus je kunt het dashboard zelf maken en een op maat gemaakt resultaat krijgen. De controle-instrumenten kunnen uit de auto-accessoireshandel komen, zolang ze beschermd tegen spatwater kunnen worden geïnstalleerd (bijv. in een gesloten stuurhut), anders moet je, bijvoorbeeld in de open kuip van een zeiler, je toevlucht nemen tot de duurdere instrumenten beschermd tegen spatwater uit de bootaccessoireshandel (bijv. VDO-Marine).

In detail:

Een **toerenteller** is absoluut essentieel, omdat het de enige betrouwbare indicator is voor het vermogen van de machine, of de gekozen combinatie van tandwielkast en schroef geschikt is en of de machine zuinig draait. Het is essentieel om aandacht te besteden aan het weergavebereik van de toerenteller; dit moet ongeveer overeenkomen met het bruikbare snelheidsbereik van de machine. Alle bruikbare motoren ondersteunen elektronische toerentellers. Deze worden meestal aangesloten op de "W"-aansluiting van de driefasige dynamo. De toerenteller moet ook instelbaar zijn. Afstelling kan dan worden uitgevoerd met een optische toerenteller (tegen zeer lage kosten verkrijgbaar, bijvoorbeeld voor modelbouwers).

Koelwaterthermometers en **oliethermometers** zijn natuurlijk onmisbaar. Hetzelfde geldt **voor het akoestische temperatuurwaarschuwingsapparaat.** Sensoren voor deze instrumenten zijn kant-en-klaar verkrijgbaar bij BOSCH Service; als de machine geen (of onvoldoende) aansluitmogelijkheden heeft, kan voor de bewaking van het koelwater bijvoorbeeld een metalen buis worden gebruikt die in de koelwaterslang wordt gemonteerd en wordt voorzien van de bijbehorende schroefdraad voor de sensoren.

Daarnaast is er een **oliedrukmeter** of een waarschuwingslampje voor de oliedruk nodig. Beide moeten worden gecombineerd met een geluidssignaal.

Het doel van de **urenteller is** om informatie te geven over hoe lang de machine al draait en wanneer het volgende onderhoud nodig is. De urenteller kan ook in de motorruimte worden geïnstalleerd.

Voltmeters zijn erg handig omdat ze informatie geven over de laadstatus van de accu's. Installeer er een voor elke accu (of een voltmeter met een omschakelaar). Moderne digitale voltmeters met een scherm met vloeibare kristallen en twee cijfers achter de komma verdienen de voorkeur omdat ze veel nauwkeurigere waarden geven dan conventionele analoge apparaten.

De **ampèremeter** geeft informatie over hoeveel de dynamo op dat moment de accu's laadt of hoeveel de accu's worden ontladen. Het is handig om dit te weten, omdat dit de enige manier is om er tijdig achter te komen of er (te?) zware stroomverbruikers zijn ingeschakeld en of de dynamo en regelaar goed functioneren.

Het **contactslot** moet een stand voor "Accessoires" hebben, waarmee stroom kan worden afgenomen zonder dat de elektronica van de motor wordt geactiveerd. Het moet ook een voorgloeistand hebben, waardoor de aparte voorgloeischakelaar in oudere Mercedes-diesels overbodig wordt.

De **indicatielampjes moeten** over het algemeen groot en helder genoeg zijn om gemakkelijk te worden herkend, zelfs in fel zonlicht. De lampjes voor lading en oliedruk moeten rood zijn.

De aparte **trekschakelaar voor de voorgloei (vooral** bekend van oude Mercedes-motoren tot ongeveer 1972) kan over het algemeen worden weggelaten als je een contactslot met voorgloeistand hebt.

De **stopknop** is nodig als de motor niet kan worden uitgeschakeld met de contactsleutel of trekkoord.

Elektriciteit

Zodra de assemblage van de "hardware" voltooid is, is het tijd voor de (onterecht) zo gehate elektronica. De elektronica van schepen is eenvoudig en volgt logische wetten, dus veel eenvoudiger dan bijvoorbeeld het omgaan met het andere geslacht. Wat wil je nog meer?

Hieronder worden alleen de basisprincipes van het aansluiten van motoren en hun onderdelen beschreven. De basisprincipes van elektriciteit worden niet behandeld. Als je niet weet waar welke belastingen gezekerd moeten worden en hoe, of welke kabeldoorsneden nodig zijn, moet je dat elders uitzoeken.

Batterijen

Laten we beginnen met het eenvoudigste onderdeel: de accu. De minpool van de accu is verbonden met het motorblok (nooit met de romp!). De pluspool van de accu is via een hoofdschakelaar verbonden met het contactslot. Een aparte kabel gaat naar de belangrijkste stroomverbruiker, de startmotor (klem 30). Vanaf het contactslot wordt de stroom via zekeringen naar de verbruikers gedistribueerd. De hoofdschakelaar is nodig om de accu in geval van nood (brand) te isoleren.

Het voorkomt ook sluipende ontlading als het apparaat langere tijd niet wordt gebruikt.

De situatie is iets gecompliceerder als er twee accu's worden gebruikt, één voor het starten en één voor de stroomverbruikers. Bij het installeren van twee accu's moet de kabel van B+ in principe naar beide accu's worden geleid, maar dit zou het ongelukkige effect hebben dat de gewenste isolatie van beide accusets teniet wordt gedaan (als de verbruikeraccu leeg is, kan de startaccu nog steeds worden gebruikt om het voertuig te starten).

Daarom moet in dit geval een scheidingsdiode (of scheidingsrelais) worden aangesloten in de leiding naar de verbruikeraccu, die de stroom slechts in één richting doorlaat (van de alternator naar de accu). De gewenste isolatie van de accu's wordt zo hersteld; niettemin worden beide accu's opgeladen.

De bedrading van de startaccu verandert niet, hij wordt alleen niet meer gebruikt om de motoronafhankelijke stroomverbruikers (lampen, koelkast, enz.) van stroom te voorzien. De aparte verbruikersaccu is hiervoor verantwoordelijk. Het is verstandig om beide accu's aan te sluiten op een derde hoofdschakelaar, zodat je in geval van nood (ontladen of defecte startaccu) kunt starten met de verbruikeraccu. Afhankelijk van het benodigde vermogen kunnen meerdere serviceaccu's in serie worden geschakeld.

De grootte van de startaccu kan niet vrij worden gekozen - deze moet bij de startmotor passen. Te grote accu's zorgen ervoor dat de startmotor doorgloeit, omdat accu's met een grotere capaciteit een lagere interne weerstand hebben dan kleinere accu's en er dus minder spanning verloren gaat in de accu zelf. De startmotor krijgt dienovereenkomstig meer, wat hij afstraft met een warmtedood in geval van ernstige overdosering en langdurig gebruik. Als u de toegestane accucapaciteit niet kent, kunt u de BOSCH-serviceafdeling vragen naar de prestatiegegevens van de startmotor.

Dynamo en startmotor

Nu moet de accu (of zelfs beide) worden opgeladen. Dit wordt gedaan door de dynamo, die idealiter (zoals tegenwoordig bijna altijd het geval is) een in de behuizing geïntegreerde regelaar heeft. Deze zorgt ervoor dat de laadspanning niet hoger wordt dan ongeveer 14,4 V. Als dit wel het geval zou zijn, zou de accu beschadigd raken. Het contact van de dynamo takt B+ is verbonden met accu+, D+ is verbonden met het laadindicatielampje, dat op zijn beurt spanning ontvangt van het contactslot (klem 15). Klem W is verbonden met de toerenteller.

Als de alternator geen geïntegreerde spanningsregelaar heeft, moet er een apart worden aangesloten tussen de accu en de alternator om overspanning te voorkomen.

De startmotor betrekt zijn stroom voor het draaien van het rondsel rechtstreeks van de startaccu (zie Fig. 6). De grote hoeveelheden stroom zouden anders niet kunnen worden beheerd. De startmotor of het startrelais heeft hiervoor echter nog steeds de inductiestroom nodig. Deze wordt getrokken via het contactslot. Het startrelais dat op de startmotor is gemonteerd, ontvangt spanning van het contactslot (klem 50 of A). De aansluiting op de startmotor is ook klem 50. Indien aanwezig, moet klem

51 op het startrelais worden verbonden met massa (zwart) (het massacontact wordt vaak gemaakt via de schroefverbinding van de startmotor naar het motor-blok).

Als je een groot aantal voedingen aan boord hebt, moet je overwegen om een krachtige regelaar voor de dynamo aan te schaffen. Deze zijn speciaal ontworpen voor het snel en volledig opladen van zelfs sterk ontladen accu's, in tegenstelling tot serieregelaars, die afkomstig zijn uit de auto-industrie en de beschikbare laadstroom relatief snel verminderen, zelfs als de accu's nog niet vol zijn.

Voorverwarmingssysteem

Veel van de hier besproken dieselmotoren hebben een voorgloeisysteem nodig. Dit geldt voor alle diesels met voorkamer, maar veel grotere motoren met directe inspuiting hebben ook een voorverwarmingssysteem voor lage temperaturen.

Er wordt onderscheid gemaakt tussen het (conventionele) in-line gloeisysteem en het modernere snelle gloeisysteem. Het eerste systeem is bijvoorbeeld standaard in de Mercedes OM 636. Met de stand voorgloeien op het contactslot (of een aparte voorgloeischakelaar) wordt stroom toegevoerd aan klem 86 van het voorgloeirelais (waarvan klem 87 naar massa leidt). Het voorgloeirelais gaat open en er loopt stroom van de accu via de gloeispiraal (gloeiknop op het dashboard) door de gloeibougies die achter elkaar in serie zijn geschakeld.

Aan de uitgang van de laatste gloeibougie moet een massaverbinding met het blok tot stand gebracht worden. Een onaangename eigenschap van dit type voorgloeibougies is dat het uitvallen van een gloeibougie (of de gloeidraad, die niets anders is dan een extra weerstand) altijd tot het uitvallen van het hele systeem leidt, omdat de bougies in serie geschakeld zijn.

Dit is anders bij het snelle gloeisysteem. Hier zijn de gloeibougies niet in serie, maar parallel geschakeld. De massakabel aan het uiteinde vervalt; de massa-verbinding wordt tot stand gebracht via het contact tussen elke afzonderlijke gloeibougie en het motorblok (gloeibougieschroefdraad). De gloeiregeling vindt daar plaats via een apart controlelampje.

Uitschakelapparaat

Als de motor niet is uitgerust met een in-line injectiesysteem (dat wordt gestart en gestopt met de contactsleutel), moet een aparte stopschakelaar worden aangebracht. Deze motoren (vooral de Mercedes OM 6-serie) hebben een hendel aan de achterkant van de injectiepomp die de brandstoftoevoer onderbreekt.

Deze hendel kan op drie verschillende manieren worden bediend: met een trekkabel, met een elektromagneet of met pneumatiek. Dit laatste is niet geschikt voor de boot omdat we geen vacuüm hebben. De trekkabel zou wel werken, maar is meestal lastig te installeren. Dan blijft de elektromagnetische schakelaar over, die wordt bediend via een knop op het dashboard (bij voorkeur in de buurt van het contactslot). Het circuit is heel eenvoudig: de stroom wordt geleverd via het contactslot (klem 15). Een veercontactschakelaar activeert de elektromagnetische schakelaar, waarvan de trekstang op zijn beurt de wisselhendel van de injectiepomp bedient.

Magneetschakelaars zijn kant-en-klaar verkrijgbaar bij goede scheepselektriciens en BOSCH-diensten. De schakelaars hebben een vrij hoog stroomverbruik en daarom moeten ze zo worden geschakeld dat ze alleen kunnen worden bediend (in elk geval kortstondig) als het contactslot in de rijstand staat.

Monitoringinstrumenten

De elektrische aansluiting van de bewakingsinstrumenten volgt altijd hetzelfde patroon:

De display-instrumenten (toerenteller, temperatuurmeter, voltmeter, ampèremeter) krijgen hun spanning van het contactslot (daar klem 15). De massaverbinding wordt gemaakt met de motor. Zelfs met een stalen giek mag de aarde nooit worden aangesloten op de romp! Hoewel de aardverbinding ook daar verzekerd zou zijn (als de motor met een aardingsband aan de romp is verbonden), zou de stroomsterkte leiden tot een enorme toename van galvanische corrosie op de romp. Daarom is ons advies: Als er veel aardverbindingen nodig zijn - zoals op het dashboard - laat dan een massieve aardkabel lopen vanaf de motor en monteer ter plekke een verdelerstrip.

Dan ontbreken alleen de sensoren. De toerenteller wordt meestal aangesloten op klem W van de wisselstroomdynamo; voor temperatuur- en drukmeters moeten speciale sensoren worden gemonteerd, waarvan het ontwerp en de installatiepositie van machine tot machine verschillen.

De aansluiting van de voltmeter is iets anders: hier is natuurlijk geen aparte sensor nodig, maar de stroomkabel moet bij voorkeur niet via het contactslot lopen, maar rechtstreeks van de hoofdschakelaar (geschakelde kant!) van de betreffende accu worden genomen. Op die manier kan de accustatus uit de eerste hand worden gecontroleerd, zonder het ongemak van het inschakelen van het contact (wat het resultaat kan verstoren).

De aansluiting van het oplaadindicatielampje en de voorgloeiregeling is al uitgelegd.

De marinisering van benzinemotoren is in wezen hetzelfde als die van dieselmotoren. Het volgende is echter fundamenteel anders:

Motoren

De keuze aan beschikbare motoren is beperkt. Door de inefficiëntie van benzinemotoren in boten zijn er maar een paar basismotoren, maar die zijn relatief krachtig. Met uitzondering van de kleine Fords, die ook bijna uitsluitend in Engeland worden gebruikt, zijn dit oude, krachtige motoren met een hoog specifiek verbruik. Dit zijn verschillende V8-motoren uit Amerika, de oude 1100/1600 en 1800 viercilindermotoren van Ford UK (Fiesta, Escort, Scorpion etc.), de zescilinder-in-lijn motoren van Jaguar (XJ 6 Series I-III), de oude V8's van Rover (3500, Range Rover etc.) en natuurlijk de beroemde U18/B20/B30 motoren van Volvo uit de jaren 60/70 (Volvo 121, 144, 164).

Speciale functies

Een speciaal kenmerk van het mariniseren van benzinemotoren betreft hun brandstofsysteem. De carburatorsystemen die hier nog vaak worden aangetroffen, leiden tot een aanzienlijk brandgevaar. Het is daarom essentieel dat het motorcompartiment wordt uitgerust met een krachtig explosieveilig ventilatiesysteem, dat zo moet worden geschakeld dat het onmogelijk is om de motor te starten zonder tegelijkertijd de ventilator te starten. Nog beter is de extra installatie van een automatisch brandblussysteem.

Wie een benzinemotor met een injectiesysteem mariniseert, moet speciale aandacht besteden aan het beschermen van de elektronica en de stekkerverbindingen tegen vocht en corrosie. Bij mechanische benzinepompen is het ook niet altijd mogelijk om het eigenlijk vereiste schakelbare brandstoffiltersysteem te installeren; vaak zijn de prestaties van de enkelvoudige membraanpompen niet voldoende om de extra weerstand van het filtersysteem te overwinnen. Dit alles maakt duidelijk dat benzinemotoren in principe niet geschikt zijn voor gebruik op boten.

De situatie is compleet anders met elektrische aandrijving. Op dit moment durf ik te voorspellen dat elektrische aandrijving over tien jaar de verbrandingsmotor zal hebben ingehaald voor kleinere zeilboten in de vermogensklasse tot 15 KW. De prestatiegegevens worden steeds beter, het biedt grote voordelen op het gebied van veiligheid en besturing en het is relatief goedkoop om ermee te varen.

Het grootste nadeel is en blijft de energieopslag, d.w.z. de accu, waarvan de capaciteit altijd te klein lijkt. Daarom is de e-drive niet geschikt voor motorboten die bedoeld zijn voor een groter vaargebied. Hier zou de afhankelijkheid van het stopcontact een moeilijk te accepteren actieradiusbeperking zijn. De verwachte verbetering van de accuprestaties zal hier voorlopig geen verandering in brengen.

Maar hoe anders is de situatie op een zeilboot? De aandrijving is meestal maar voor korte periodes nodig en als je toch door een langere rustperiode moet varen, kun je ermee leven dat je daarna de stekker in het stopcontact moet steken. Aan de andere kant is het stil aan boord, ruikt het niet naar diesel en zijn er geen openingen aan boord voor koelwater, afvalwater of het uitlaatsysteem. Tot slot zijn elektrische systemen klein en licht en daarom gemakkelijk te hanteren voor de zelfbouwer. Bovendien zijn er geen problemen met conservering in de winter en is de slijtage van de onderhoudsvrije motoren erg laag. Tot slot is er geen zware en dure keerkoppeling nodig - elektromotoren werken zowel vooruit als achteruit.

Geprefabriceerde systemen

Er zijn momenteel maar een paar kant-en-klare complete systemen die direct aan de behoeften van zeilers worden aangepast. De systemen van ASMO-Marine in Denemarken en KRÄUTLER in Oostenrijk, die werken met schijfmotoren en waarbij de elektronica uitvoerig is beschermd tegen spatwater, moeten hier als eerste worden genoemd. Zelfs standaard motorfundaties (voor ex-Volvo machines) worden geleverd, net als een tandriemoverbrenging. Dit alles heeft zijn prijs, die voor een standaardsysteem van 6 kW voor een boot van 10 m met de sterk aanbevolen recuperatie (waarover dadelijk meer) oploopt tot ongeveer € 5000 tot € 7000 - exclusief accu's, lader, DC-DC-omvormer en bewakingsinstrumenten. Een compleet systeem met de bovengenoemde elementen, die absoluut noodzakelijk zijn voor de werking, komt al snel op ongeveer €7.000 tot €9.000 - exclusief installatie en kleine onderdelen. Deze "luxe variant" biedt daarom alleen een echt prijsvoordeel ten opzichte van een dieselaandrijving wanneer deze in bedrijf is, wanneer de brandstofkosten en onderhoudskosten voor de verbrandingsmotor wegvallen.

Het is ook veel goedkoper om de onderdelen zelf te monteren.

Motoren

Naast elektrische buitenboordmotoren zijn er motoren in de vermogensklasse van ongeveer 3-8 kW beschikbaar voor de hobbytechnicus. Omdat elektromotoren ontworpen zijn om een constant hoog koppel te leveren over hun hele snelheidsbereik en aanzienlijk krachtiger zijn dan vergelijkbare verbrandingsmotoren, vooral in het deellastbereik, kun je het vermogen straffeloos met ongeveer 50% verlagen zonder de boot te vertragen. Een elektromotor van 6 kW vervangt dus een dieselmotor van 12 kW. Volgens traditionele normen is dit vermogen voldoende voor een boot van 10 ton. Zelfs degenen met "modernere" prestatie-eisen kunnen een boot van 7 ton gemakkelijk met een elektromotor op de motor zetten.

Er zijn twee groepen motoren, de zogenaamde schijfmotoren en de conventionele motoren. Welke je kiest hangt minder af van het principe dan van de beschikbare ruimte. De schijfmotor, bijvoorbeeld van Lynch of PMG, is korter en hoger en heeft een vlakkere koppelkromme. Professionele systemen in deze prestatieklasse vertrouwen zonder uitzondering op de schijfmotor. Beide aandrijvingsvarianten zijn echter erg klein en licht in vergelijking met verbrandingsmotoren.

De motoren zijn over het algemeen niet ontworpen voor gebruik in schepen, maar voor landvoertuigen (golfkarretjes, ambulances, elektrische karretjes, enz.) Dit kan een probleem worden als de motor wordt gebruikt in een omgeving met een hoog risico op corrosie (zout water) en niet goed kan worden afgesloten. Er zijn in dit opzicht geen empirische waarden bekend; boten met elektromotoren worden vaak gebruikt op meren in het binnenland. Toch moet het mogelijk zijn om het risico op corrosie te beheersen en te voorkomen, zelfs op de Noordzee.

Het vermogen van de motoren wordt bepaald door de bedrijfsspanning. Dezelfde motor kan werken bij 24 V (en heeft dan bijvoorbeeld 3 kW), terwijl hij bij 72 V 7 kW haalt.

Het aanbod in de vermogensklasse van 3-8 kW die ons interesseert is momenteel erg beperkt. Er is de eerder genoemde Lynch schijfmotor, die ongeveer 6 kW levert bij ongeveer 3.500 tpm als continu vermogen bij 48 V (tot 10 kW is mogelijk voor korte periodes) en die een ongeëvenaarde 375 dollar kost bij EVPARTS in de VS (hij wordt niet rechtstreeks in dit land verkocht) (het is een gelicentieerd product van Briggs & Stratton). De vergelijkbaar gebouwde Duitse PMG 132 levert 7,22 kW bij een spanning van 72 V (6 kW bij 48 V) en kost ongeveer 800 euro. Hij biedt het voordeel van een binnenlandse contactpersoon (bijvoorbeeld voor garantiekwesties) en een relatief laag toerental (bij een spanning van 48 V draait hij slechts 2.500 tpm). Erotoman in India levert ook HC-motoren, maar geen schijfrotors. Er is momenteel geen Europese distributeur, dus deze motoren zijn bijna onmogelijk te verkrijgen.

Motorstichting e

EVPARTS in de VS levert voor $120 een fundering die geschikt is voor alle schijfmotoren en die met weinig aanpassingen in de meeste zeilboten zou moeten passen, maar die je met een beetje handigheid en een lasapparaat gemakkelijk zelf kunt bouwen. Systemen van ASMO-MARINE of KRÄUTLER worden af fabriek geleverd met een soortgelijke motorfundatie.

Versnellingsbak

De elektrische aandrijving heeft geen keerkoppeling nodig, maar wel een reductieverhouding. De verhouding waarin dit moet worden bereikt, kan bij benadering worden bepaald als de prestatiegegevens van de eerder geïnstalleerde verbrandingsmotor bekend zijn en als bekend is of deze motor optimaal was aangepast aan de boot, d.w.z. of de motor in staat was om de boot op rompsnelheid te brengen die iets onder de nominale snelheid lag.

Als dit het geval was, kan de volgende berekening worden gemaakt - hier als voorbeeld:

Het maximumkoppel van de oude verbrandingsmotor werd gegenereerd bij 2.000 tpm en de ingebouwde bootversnellingsbak had een overbrengingsverhouding van

1:2, wat betekent dat de as met 1.000 tpm draaide in het optimale toerentalbereik van de motor in deze configuratie. Als de gekozen elektromotor bijvoorbeeld zijn nominaal vermogen genereert bij 3.000 tpm, moet zijn snelheid worden verlaagd met een verhouding van 1:3 om dezelfde schroefsnelheid te bereiken.

De overbrenging gebeurt meestal met poelies en een tandriem, die je in de handel kunt kopen. Het is belangrijk dat de constructie ontworpen is om dezelfde snelheid vooruit en achteruit aan te kunnen; dit is meestal niet het geval bij conventionele tandwielkasten voor boten. Deze zijn daarom niet geschikt voor e-drives, deels vanwege hun grootte en te grote rotatieweerstand. Daarnaast zijn normale scheepskeerkoppelingen vaak niet in staat om de hoge koppels van elektromotoren over te brengen. Sommige leveranciers van elektromotoren bieden ook complete motor-tandriemaandrijvingen aan (bijv. ASMO-MARINE, KRÄUTLER).

E-motoren kunnen ook eenvoudig op bestaande Saildrive systemen worden gemonteerd, maar hierbij moet er wel op worden gelet dat het hoge koppel dat de e-motor in het begin naadloos ontwikkelt, niet op korte termijn de conische tandwielen van de Saildrive verbrijzelt. Grote voorzichtigheid is hier geboden. Indien nodig moet een elektronische startvertraging worden geactiveerd en de motor mag nooit te groot zijn.

De kern van de e-drive (en tegelijkertijd het grootste probleem voor de doe-het-zelver) is de besturingselektronica. Het spreekt voor zich dat het vermogen van de motor moet worden geregeld. Als je alleen een aan/uitschakelaar van de juiste grootte zou installeren, zou je alleen vol gas kunnen accelereren, een gevaarlijk resultaat gezien de hoge koppels van elektromotoren. Het zou ook volstrekt oneconomisch zijn, omdat e-motoren, net als hun tegenhangers in verbrandingsmotoren, veel zuiniger werken in het deellastbereik.

Moderne besturingselektronica werkt alleen met een vermogensverlies van 1-2% en wordt gemaakt door het Zwitserse bedrijf BRUSA AG of de Amerikaanse fabrikant SEVCON onder de merknaam Millipak en - bijzonder voordelig - door het Engelse bedrijf 4CD. De apparaten kosten ongeveer €400 per stuk en moeten beschermd tegen spatwater en vocht worden geïnstalleerd, een vereiste waaraan op kleinere zeilboten misschien niet zo gemakkelijk kan worden voldaan. Bovendien genereren de apparaten warmte die moet worden afgevoerd. Waterdichte inkapseling van de besturingseenheid is daarom uit den boze.

De installatielocatie moet zo hoog en droog mogelijk zijn en ook goed geventileerd - vereisten waaraan niet altijd gemakkelijk kan worden voldaan. Als niets anders helpt, kan de besturingseenheid ook worden ingekapseld (maar nooit waterdicht of zelfs luchtdicht!) en worden voorzien van een ventilator.

De besturingseenheden die worden aangeboden hebben nog een nadeel: ze zijn niet ontworpen voor boten, maar voor toepassingen zoals golfkarretjes, patiëntenliften, etc. Ze hebben geen achteruitversnelling, maar wel een rem. Deze hebben de speciale eigenschap dat ze geen achteruitversnelling hebben, maar wel een rem. Zoals bekend geldt dit laatste niet voor boten, maar boten moeten snel kunnen schakelen. Hiervoor zijn extra schakelmogelijkheden nodig, die meestal geïntegreerd zijn in een bedieningshendel (zoals we die kennen van conventionele machines) en complex zijn. BRUSA AG biedt een waterdichte versie voor ongeveer €400.

Batterijen

De krachtbron (en daarom ook de grootste achilleshiel) van de elektrische aandrijving zijn de accu's.

Op dit moment kunnen alleen gelbatterijen serieus worden overwogen voor e-drives, omdat deze - in tegenstelling tot conventionele zure batterijen - bestand zijn tegen regelmatige ontladingen tot 50% van hun capaciteit zonder schade. Andere accutypen (bijvoorbeeld nikkel-cadmium-accu's) zijn te duur en lood-zuur-accu's zouden snel afsterven onder de druk en spanningen van elektrisch gebruik. Bovendien zijn gelaccu's over het algemeen kantelbestendig, wat een verplichte vereiste is op zeilboten.

Het aantal accu's hangt af van het stroomverbruik van de motor - dat weer afhangt van het benodigde vermogen. Het is gemakkelijk mogelijk om dezelfde motor aan te drijven met 5 kW of 8 kW vermogen - in het eerste geval wordt hij gevoed met 36 V, in het tweede met 60 V. Aangezien de accu's die we beschouwen altijd een nominale spanning van 12 V hebben, zijn er in deze voorbeelden minstens drie of vijf accu's nodig. In de meeste van de hier beschreven toepassingen zal een bedrijfsspanning van 48 V worden gebruikt, d.w.z. een aantal accu's dat deelbaar is door vier.

De exacte benodigde accucapaciteit (ampère-uur) moet worden bepaald op basis van de exacte gegevens van het schip. Een voorbeeld kan over het algemeen de vereiste orde van grootte laten zien: Als je je zeilboot met een gewicht van 3,5 ton uitrust met een 48 V e-drive en 6 kW, kun je met een accuset van 120 Ah ongeveer 50 zeemijlen varen bij halve mast totdat de accu's moeten worden opgeladen.

Overigens zijn er geen grenzen aan de grootte van de accupakketten aan de motorzijde. Alleen het gewicht en de benodigde ruimte van de accu's (en natuurlijk de kosten) spelen hier een rol.

Monitoringinstrumenten

Net als de dieselmotor moet ook de e-aandrijving in de gaten worden gehouden. Eerst en vooral moet je weten hoe vol de accu's zijn, hoe hoog het huidige stroomverbruik is en hoe lang de resterende actieradius is.

Dit en nog veel meer wordt aangegeven door krachtige digitale bewakingsinstrumenten van Brusa en

XANTREX, die natuurlijk wel een prijs hebben: Ze zijn niet verkrijgbaar voor minder dan €200. Natuurlijk kun je het ook doen met een voltmeter en ampèremeter en vooruit en achteruit rekenen, maar dit is niet aan te raden. Er zijn echter ook eenvoudigere Ah-meters voor de helft van de prijs die volstaan als het nodig is. Iedereen die zijn e-drive echter vaak gebruikt, zal een complexer controle-instrument op prijs stellen.

DC-DC-omzetter

Ten slotte is er een DC-DC converter nodig om de bedrijfsspanning (48 V in ons voorbeeld) om te zetten naar 12 V om de conventionele verbruikers (verlichting, boordelektriciteit, kombuis, enz.) te voeden. Hierdoor is er geen aparte 12V-accu nodig.

Schroef

Of de geïnstalleerde propeller kan worden behouden, moet van geval tot geval worden bekeken (meestal getest). De ervaring leert dat er ook goede resultaten kunnen worden behaald met de standaardschroef onder een elektromotor, hoewel de elektromotor door zijn enorme koppel veel grotere schroeven zou kunnen bewegen dan de relatief krachteloze verbrandingsmotor. Meestal is hier echter geen ruimte voor. Het is ook belangrijk dat de propeller tijdens normaal bedrijf licht en vroeg draait om recuperatie te vergemakkelijken (energieterugwinning, *zie hieronder*).

Het opladen van de accu is een van de belangrijkste onderwerpen in verband met e-drive. Er zijn immers niet in elke haven stopcontacten te vinden en het is al bekend dat grote accubanken niet alleen door de zon of de wind kunnen worden opgeladen. We maken onderscheid tussen primair laden (= het kortstondig laden van ontladen accubanken) en druppelladen (= het egaliseren van de natuurlijke ontlading van accu's wanneer ze niet worden gebruikt).

Primaire lading

De accu moet altijd worden opgeladen met behulp van walstroom. De acculader moet zo worden gekozen dat het vermogen meer is dan 10 % van de geïnstalleerde accucapaciteit. Als je bijvoorbeeld 4 accu's hebt geïnstalleerd met elk 120 Ah, moet je een acculader kiezen met een vermogen van 48 V en minstens 15 Ah. Het duurt ongeveer 4-6 uur om half ontladen accu's op te laden. Laders met een moderne karakteristiek kunnen altijd aangesloten blijven en zo de accu's druppelladen zonder ze te beschadigen. Het is essentieel om ervoor te zorgen dat de karakteristiek van de acculader overeenkomt met het gekozen accutype; gelaccu's hebben andere laadstromen nodig dan conventionele tractieaccu's vanwege hun specifieke gevoeligheid voor overladen.

De mogelijkheid van energieterugwinning door middel van recuperatie mag niet over het hoofd worden gezien, vooral omdat dit met weinig moeite in het systeem kan worden geïntegreerd. Hiervoor wordt de onbelaste motor gebruikt als generator om energie te produceren wanneer hij tijdens het varen door de golf wordt rondgedraaid. Alle moderne motorbedieningssystemen staan recuperatie toe en zorgen ervoor dat de accu's niet worden blootgesteld aan schadelijke overspanning.

De oplaadcapaciteit hangt sterk af van de individuele omstandigheden, maar als richtlijn kun je aannemen dat als de accu leeg is, je na ongeveer 60 minuten dynamoaandrijving genoeg accucapaciteit hebt om een havenmanoeuvre te voltooien. Omgekeerd, als je de haven hebt verlaten met volle accu's maar het afgooi- en vertrekmanoeuvre hebt uitgevoerd op motorkracht, kun je ruwweg berekenen dat de accu's na een uur weer volledig zijn opgeladen. Op deze manier kan een lege set accu's onder optimale omstandigheden in 7-9 uur volledig worden opgeladen. Dergelijke omstandigheden komen in de praktijk niet vaak voor, maar als je je e-drive zo gebruikt dat je tijdens een normale zeildag ongeveer een uur op de motor vaart en de rest van de tijd onder zeil en de gebruikelijke verbruikers gebruikt (log, schietlood, GPS, elektronica), zul je altijd je accupakket vol kunnen houden door middel van recuperatie zonder afhankelijk te zijn van een walaansluiting.

Het snelheidsverlies dat onvermijdelijk gepaard gaat met herstel kan niet worden veralgemeend; te veel hangt af van de individuele omstandigheden. Er kan worden uitgegaan van een geschatte waarde van 0,5 kn. En: onder een rijsnelheid van ongeveer 5 knopen door het water is het koppel van de schroef meestal niet voldoende om terug te winnen. Recuperatie is ook mogelijk met een klapschroef.

Generator

De vaste installatie van een door benzine of diesel aangedreven generator om de accu's op te laden is onzin vanwege het buitensporige energieverlies en het verlies van veel voordelen van elektrische aandrijving (installatievoorwaarden, gewicht, geen brandstof aan boord, etc.). In het beste geval kun je overwegen om een kleine mobiele stroomgenerator aan boord te hebben voor noodsituaties (je bevindt je in een afgelegen haven met lege accu's en geen elektriciteit, wind of zon), waarvan het vermogen (0,7 kVA - 2 kVA) voldoende is om het accupakket in een paar uur zo ver op te laden dat je zelfs in kalme omstandigheden veilig kunt blijven varen. Het moet echter wel energieklasse 1 hebben.

Druppellading

Ten eerste zijn er de mogelijkheden van druppellading. Dit wordt gebruikt om de ladingstoestand van de accu te handhaven met middelen aan boord (d.w.z. om sluipende ontlading tegen te gaan, zelfs wanneer de accu's niet worden gebruikt) of om kleine ontladingen te compenseren door kort gebruik van de aandrijving, zoals een havenmanoeuvre. Dit omvat ook het gebruik van wind- en zonne-energie.

Windgenerator

Een beproefde optie voor druppelladen is het gebruik van een windgenerator. Deze zijn in de handel verkrijgbaar in sterktes tot 600 watt en - mits het hard waait - kun je een half ontladen accu gemakkelijk in één tot twee dagen bijladen. Windgeneratoren zijn echter duur en je moet er rekening mee houden dat je vaak in winderige omstandigheden vaart - en dan kun je veel beter recupereren.

Zonne-energie

Als de ruimte het toelaat om zonnepanelen te installeren, kunnen deze ook worden gebruikt voor druppelladen. Als richtlijn kan worden aangenomen dat een module met een oppervlak van 70 x 70 cm ongeveer 200 watt per dag genereert - uitgaande van zonneschijn en goede instralingsomstandigheden. Hieruit blijkt dat op een normale zeilboot met een beperkt oppervlak meer dan druppelladen niet mogelijk is met zonne-energie.

De e-aandrijving voor zeilboten is niet alleen technisch haalbaar, de realisatie ervan is ook aanzienlijk goedkoper dan de installatie van een nieuwe dieselaandrijving. De (gloednieuwe!) e-drive hoeft zelfs de vergelijking met het handmatig mariniseren van gebruikte dieselmotoren niet te schuwen.

De mogelijkheden van hybride aandrijving zijn in de praktijk nog grotendeels onbenut. Dit verwijst naar de combinatie van een verbrandingsmotor met een elektrische aandrijving, waarbij de verbrandingsmotor ofwel uitsluitend wordt gebruikt om elektriciteit op te wekken ofwel in staat is om de boot onafhankelijk van de elektrische motor als een volwaardige aandrijving aan te drijven, terwijl de accu's nog steeds worden opgeladen.

De hybride aandrijving is vrijwel onbekend in boten, om eenvoudige redenen: Je hebt twee aandrijvingen nodig in plaats van slechts één en dat is al met al een zware en dure aangelegenheid. Bovendien zijn hybride aandrijvingen, waarbij de verbrandingsmotor alleen wordt gebruikt om elektriciteit op te wekken, oneconomisch in termen van hun energiebalans en alleen zinvol in zeer zeldzame uitzonderlijke situaties (extreme milieubeschermingsvoorschriften vereisen een elektrische aandrijving, maar de normale route kan niet alleen met accu's worden afgelegd). Deze situatie komt echter zelden voor bij de normale vrachtwagenchauffeur. Bovendien zijn professionele hybride aandrijvingen op jachten en sportboten van tijd tot tijd getest (bijvoorbeeld door het Nederlandse bedrijf VETUS), maar er is nog niets in serieproductie gebracht. Dit maakt het des te moeilijker om hier als zelfbouwer een pionier te zijn.

Er zijn echter omstandigheden waarin een hybride aandrijving vanuit technisch en kostentechnisch oogpunt zinvol is: Dit is het geval als er op een boot die in principe geschikt is voor elektrificatie qua grootte en gebruiksgebied al een verbrandingsmotor is geïnstalleerd die nog bruikbaar is, maar waarop u niet alleen wilt vertrouwen of waarvan u de ecobalans wilt verbeteren. Dit kan bijvoorbeeld het geval zijn als er een benzinemotor is geïnstalleerd op een zeilboot of als de geïnstalleerde motor te zwak is gebleken voor de specifieke gebruiksomstandigheden (een boot die voorheen op de binnenwateren werd gebruikt, moet zich bewijzen tegen de wind en getijdenstromingen van de Noordzee). Of het kan zijn dat de geïnstalleerde motor oud is - zo oud dat je er alleen niet meer op wilt vertrouwen, maar aan de andere kant nog in zo'n goede staat dat je hem niet graag op de schroothoop gooit. Bovendien draaien verbrandingsmotoren op zeilboten vaak maar kort, bijvoorbeeld tijdens havenmanoeuvres, waardoor de slijtage onnodig toeneemt. Wat zou het fijn zijn om de verbrandingsmotor alleen voor de lange afstand te hoeven gebruiken! Overigens is dit ook wat de Engelse kustwacht doet: ze laten sommige stukken op de   Theems over aan de elektromotor en rusten hun boten uit met zo'n dieselelektrische aandrijving. De elektromotor werkt bij langzaam varen en de diesel bij snel varen of lange afstanden.

In dergelijke gevallen is een goedkope maar ook technisch elegante oplossing de extra installatie van een kleine elektrische aandrijving waarvan de accu's worden opgeladen door de generator van de verbrandingsmotor.

Deze oplossing is relatief goedkoop omdat de e-drive niet zo groot hoeft te zijn als bij de installatie van een stand-alone e-systeem. Bovendien is dit een zeer elegante manier om het grootste nadeel van de elektrische aandrijving te omzeilen: de beperkte actieradius. Als je langer onder stroom moet rijden dan de accu's willen, kun je de verbrandingsmotor gebruiken; als je de aandrijving maar kort nodig hebt, bijvoorbeeld in de haven, kun je de slijtvaste elektrische aandrijving gebruiken. Dit verlengt de levensduur van de verbrandingsmotor aanzienlijk, waarvan het doel beperkt is tot de zeldzame "lange afstand". Tot slot kan een aanvullende e-aandrijving zeer goedkoop worden geïnstalleerd - tegen een fractie van de kosten van een dieselaandrijving. En: als je twee onafhankelijke aandrijvingen aan boord hebt, heb je in noodgevallen altijd de nodige "power".

De verbrandingsmotor drijft de as en de propeller aan via de conventionele scheepskeerkoppeling. De elektromotor is via een riemaandrijving direct verbonden met de as en drijft deze aan. De tandriemschijf moet voor het demperelement van de as worden geïnstalleerd. Het nadeel van een dergelijke opstelling - naast het hogere gewicht - is het feit dat de elektromotor te maken heeft met een verhoogde wrijvingsweerstand, omdat hij niet alleen de as en propeller moet draaien, maar ook de scheepskeerkoppeling (die stationair draait). Deze nadelen zijn echter even onvermijdelijk als aanvaardbaar en worden ruimschoots gecompenseerd door de hierboven beschreven voordelen.

E-motor

Motorgrootte

Voor de keuze van de juiste motor geldt hetzelfde als hierboven beschreven voor zuiver elektrische aandrijvingen. Het vermogen van de motor kan echter aanzienlijk lager zijn (30-50%) in verband met het creëren van een hybride systeem, omdat het niet de taak van de elektromotor is om het schip in moeilijke situaties op rompsnelheid te brengen. Het bedrijf Köllner-Motoren biedt een complete e-motor met 2 kW bij 24 V, die wordt gevoed met een tweetrapsschakeling en een V-riemaandrijving. Deze is voldoende voor boten tot 2 ton als hulpaandrijving. Voor een zeilboot van 6 ton is 5-6 elektrisch opgewekte kW voldoende om de boot te versnellen tot 4-5 knopen - meer dan genoeg voor de beschreven toepassingen van de aanvullende elektromotor.

Installatie

De installatie is vergelijkbaar met die van een pure e-aandrijving, maar met het probleem dat de verbrandingsmotor de beschikbare ruimte voor de onderdelen van de e-aandrijving beperkt.

Ook hier moet de elektromotor weer worden afgesteld, wat het beste kan worden gedaan met twee tandriemschijven en een tandriem. Een V-riem aandrijving is ook voldoende voor zwakkere motoren. Raadpleeg de uitleg over de elektrische aandrijving voor het berekenen van de reductieverhouding.

De grootste van de twee riemschijven wordt op de as van de elektromotor geplaatst. Met standaard tandriemschijven zijn er over het algemeen geen montageproblemen, maar als er een addertje onder het gras zit, zal de slotenmaker om de hoek moeten helpen. De montage van de kleinere tandriemschijf op de as is veel moeilijker. In de meeste gevallen zit er niets anders op dan de as aan de voorkant te bewerken (d.w.z. achter de versnellingsbakuitgang of direct voor het demperelement, indien aanwezig) zodat de tandriemschijf op de as kan worden geschoven en vervolgens gelast. Dit is precisiewerk, want de tandriemschijf moet perfect rond lopen en de as mag later geen grote onbalans vertonen. Bij twijfel is het raadzaam om de as te laten balanceren nadat de poelie is gemonteerd. Dit kan worden gedaan door elk bedrijf dat aandrijfassen produceert of repareert.

De optimale montagepositie voor de elektromotor wordt bepaald door het feit dat de twee riemschijven logischerwijs precies op één lijn moeten staan. Anders zou de riem snel breken of losraken. In de regel zal dit ertoe leiden dat de elektromotor "verkeerd" wordt geïnstalleerd, d.w.z. met de poelie naar voren, omdat hij anders in conflict zou komen met de tandwielkast die zich voor de onderste poelie bevindt. Bovendien kan de verticale afstand van de motor tot de as of de poelie erop niet willekeurig worden gekozen. Deze wordt niet alleen beperkt door de beschikbare inbouwhoogte - die meestal toch al beperkt is door de centreerplaat boven de as - maar ook door de lengte van de gekozen tandriem. De motor moet zo geplaatst worden dat de riem vanzelf gespannen wordt; er is meestal geen ruimte voor extra riemspanners. Als er niet genoeg ruimte boven de as is om de motor te monteren, kan hij ook aan de zijkant worden geplaatst, maar dan moet hij op de juiste manier worden gecompenseerd (bijvoorbeeld door de batterijen te plaatsen).

Zodra de optimale installatielocatie is gevonden, moet een steun voor de elektromotor worden ontworpen. Deze moet ruim bemeten zijn met het oog op de krachten, vooral het hoge koppel, dat de elektromotor ontwikkelt en moet de motor ondersteunen in alle steunen die de fabrikant voor dit doel levert. Niet alleen is een elastische steun, die essentieel is voor verbrandingsmotoren, niet nodig (de elektromotor genereert slechts lage trillingen), het zou ook schadelijk zijn voor de distributieriem vanwege de beperkte elasticiteit.

Het is ook belangrijk om ervoor te zorgen dat de elektromotor alleen kan worden ingeschakeld als de versnellingsbak van de boot in de neutrale stand of in de vooruitstand staat, omdat het achteruit draaien van de verbrandingsmotor op vol vermogen aanzienlijke schade aan de elektromotor kan veroorzaken. Een eenvoudige manier om hiervoor te zorgen is door de elektrische aandrijfhendel zo dicht achter de versnellingspook te plaatsen dat de elektrische aandrijfhendel niet meer bediend kan worden als de achteruitversnelling is ingeschakeld.

Hier geldt hetzelfde als voor puur elektrische aandrijvingen. Natuurlijk heeft de hybride aandrijving niet dezelfde accucapaciteit nodig als de puur elektrische aandrijving, omdat je op lange ritten altijd kunt terugvallen op de verbrandingsmotor. Hier kun je jezelf beperken tot een actieradius van 1-2 rijuren.

Natuurlijk zijn er ook speciale kenmerken als het gaat om oplaadtechnologie, omdat de oplader al aan boord is: de verbrandingsmotor. Natuurlijk moet de dynamo worden afgestemd op de capaciteit van de accu's die moeten worden opgeladen, maar de ervaring leert dat de generatoren die tegenwoordig standaard worden geïnstalleerd meestal voldoende zijn, vooral omdat de e-drive meestal niet meer dan twee accu's nodig heeft. Als je een elektromotor met recuperatiemogelijkheid installeert, heb je geen krachtigere alternator nodig: deze laat de elektromotor samen met de verbrandingsmotor draaien om elektriciteit op te wekken.

En de complexe elektronische motorregeling kan vaak achterwege blijven. Voor zwakkere machines is het bijvoorbeeld voldoende om een één- of tweetraps-schakelaar te installeren, omdat de machine zelfs bij volgas nog bestuurbaar is en toch voornamelijk voor havenmanoeuvres wordt gebruikt.

Conclusie

Het mariniseren van een motor is niet altijd een eenvoudig proces en is het meest geschikt voor mensen met specifieke kennis en ervaring.

Specialisten in werktuigbouwkunde die al bekend zijn met motortechnologie zijn hier bijzonder geschikt. Zij begrijpen de technische uitdagingen die gepaard gaan met het aanpassen van een motor voor maritiem gebruik, zoals de behoefte aan efficiënte koeling, speciale smeringsprocessen, het aanpassen van de uitlaatgasgeleiding en bescherming tegen corrosie.

Scheepsbouwers en -eigenaren die al ervaring hebben met scheepsmotoren en de speciale omstandigheden op het water, kunnen ook de taak op zich nemen om een motor te mariniseren. Zij hebben vaak een goed begrip van de praktische vereisten en kunnen de nodige aanpassingen doen om een motor zeewaardig te maken.

Marinisatie kan ook een opwindend project zijn voor hobbyisten die beschikken over de juiste uitrusting, voldoende ruimte en een basiskennis van techniek. Ze moeten zich echter wel bewust zijn van de complexiteit en de veiligheidsrisico's die ermee gepaard gaan. Het is belangrijk om uitgebreide informatie en, indien nodig, deskundig advies in te winnen, vooral met betrekking tot veiligheidsnormen en wettelijke vereisten in de maritieme sector.

Als algemene regel geldt dat iedereen die een motor wil mariniseren niet alleen over technische vaardigheden moet beschikken, maar ook op de hoogte moet zijn van de milieu- en veiligheidsaspecten van de zeevaart.

Veel succes!